BISTRONOMY

by

Peter

心中第一的幸福

Bistro小酒馆风美食

周 波/著

海峡出版发行集团 | 福建科学技术出版社
THE STRAITS PUBLISHING & DISTRIBUTING GROUP | FUJIAN SCIENCE & TECHNOLOGY PUBLISHING HOUSE

感谢

　　时隔两年，我和团队的成员们一起完成了这本书，在几百个日日夜夜中，我们始终坚信着自己所做这一切的价值。在此，再一次感谢Aldo戈健、Hanz黄骅、Seven陈淇、Jerry冯建钊、Alex陈景豪，因为你们的无私帮助和鼓励，才会有这本书的顺利出版。

　　在这本书的写作过程中，非常感谢Odame黄玉洁老师的无私帮助，帮助我将书中所要表达的内容进行精心的梳理和编排，从而可以让文字更加赏心悦目。在此向您表示最高的敬意。

引言
什么是Bistro

Bistro的概念，来源于法国小酒馆美食bistronomy，其实这并不是一种特定固有的餐饮形式，而是一种轻松的、常伴随欢乐、可以拉近人与人之间距离的餐食风格。而对于我们的团队来说，给人带来轻松的食物需要更直接的处理方法，所有的烹饪工作都围绕着如何料理出美味可口的食物。

在我看来，无论在哪一个地方就餐，都会有适应这种场合的特定的食物，而无论食物配合营造哪种氛围，味道的存在必定是不可或缺的。在现今小酒馆、餐吧、酒吧餐厅遍地开花的时代，Bistro不再仅局限于一种餐厅风格，而更多地是一种食物带来的临场体验感。

目录

目录

BISTRONOMY
by

Peter

心中第一的幸福

在餐饮的世界，和世界的餐饮界，我走了一大圈，做了很多类型的菜，到很多餐厅吃过，越来越觉得，最好玩的，其实是那些Bistro休闲小餐厅——给人轻松的用餐氛围和精致美味的食物，烹饪中没有华丽夸张的手法，纯粹靠料理技术做出让人动容的美食。菜单中，可以看到很多常见的食材，主厨可以让自己的灵感自由地发挥出来，可以做各种尝试，最后落实的烹饪的手法和调味方法有时让人惊叹——这样的厨师chef是不是这个世界上最幸福的人呢？

开始，传递快乐

这些年，几乎吃遍了全世界最有名的餐厅，一路走来，在这些餐厅看到了很多不错的想法。那些超级好的点子一直激励着我在创新的路上努力行进。

我常在想，我要给客人的，最终是什么味道呢？又有什么，可以让客人就餐以后，在他头脑中形成很多独特的记忆？食物又是凭借什么，在人的生命中留下现时代的印记？

那些一定是属于我的很特别的东西。

快乐！

毫无疑问，当我创作这些菜时，我是快乐的，通过它们，我感受到、体验到的创作的快乐，传递给了品尝的你们。

在开餐的瞬间传递快乐，是我赋予前菜的使命。

APPETIZER

前菜

M5臀腰肉眼盖挞挞·薏仁·小干葱·酸面团面包

臀腰肉眼盖

原料:

臀腰肉眼盖 1 块

处理方法:

1 将臀腰肉眼盖放置在排酸冰箱中排酸 10 天(具体时长视情况而定)。

排酸冰箱的推荐参数:

温度 2~5 ℃,

湿度 50%,

风速 1.5~2m(米) / s(秒)。

排酸冰箱紫外线消毒每 3 天一次,

排酸冰箱杀菌用海盐更换每 15 天一次。

臀腰肉眼盖挞挞

原料:

臀腰肉眼盖 140g ,挞挞酱 20g

制作方法:

1 将排酸好的臀腰肉眼盖去除表面风干的皮,切成需要大小的丁。

2 拌入挞挞酱,搅拌均匀。

挞挞酱

总原料:

A 原料 80g,柠檬汁 1g,橄榄油 12g,番茄酱 50g,薄盐生抽 30g,李派林 10g,B 原料 20g,辣椒仔 1g,黑胡椒 0.2g

总制作方法:

1 将所有原料混合,均匀。

A 原料:

蛋黄 40g,大藏芥末 16g,盐 3g,白酒醋 8g,蒜头 6g,葡萄籽油 160g

制作方法:

1 将葡萄籽油以外的原料放入搅拌机充分搅拌。

2 缓慢地加入葡萄籽油,直到打成柔顺的酱。

3 过滤,放入挤酱瓶冷藏保存。

B 原料:

海天生抽 50g,薄盐生抽 42g,味淋 10g,清酒 40g,柠檬汁 8g,蒜头 2.5g,生姜末 2.5g

制作方法:

1 将柠檬汁之外的原料放入锅子中煮沸,冷却。

2 放入柠檬汁。

3 浸泡一晚。

4 过滤,放入容器中保存。

薏仁脆

原料:

薏仁 100g,水 1000g,色拉油 500g

制作方法:

1 将薏仁放入水中,煮沸。

2 用小火将薏仁煮软,大约需要 50 分钟。

3 过滤出薏仁。

4 将薏仁放入烘干机中,烘干一晚。

5 将烘干后的薏仁放入冷藏冰箱一晚。

6 将色拉油放入锅子中,加热到 200℃。

7 放入薏仁炸脆。

小干葱

原料:

腌汁 200g ,小干葱 80g

处理方法:

1 将小干葱真空包装,在低温机中用 80 ℃低温慢煮 25 分钟。

2 取出小干葱,切圈。

3 将腌汁煮沸,放入小干葱。

4 小干葱待冷却后放冷藏冰箱保存。

腌汁

原料:

水 100g,糖 50g,米醋 80g

制作方法:

1 将所有原料混合,放到锅子中煮沸。

2 冷却。

酸面团面包

原料:

酸面团面包 1 块,黄油 15g

处理方法:

1 在条纹锅中放入黄油,加热。

2 放入面包,煎上条纹。

最后的装盘方法:

1 在盘子中央放上一个圆形的模具,放入拌好的牛肉挞挞。

2 在牛肉上放置炸脆的薏仁。

3 放入腌制好的小干葱和细叶芹叶子。

4 出餐时搭配酸面团面包。

注:

配方中字体为蓝灰色(或加粗)者系来自本食谱的其他部分。全书同。

低温小牛肉·芝麻菜·风干番茄·金枪鱼酱

低温小牛肉

原料:

小米龙 500g，蒜头 2 颗，百里香 1g，迷迭香 2g，橄榄油 20g，盐 0.1g，黑胡椒 0.2g

制作方法:

1 将小米龙去筋处理好，用绳子捆绑定型。

2 在小米龙上均匀撒盐和黑胡椒调味。

3 锅中倒入橄榄油，把小米龙放入锅中煎至四周上色。

4 放入百里香、迷迭香、蒜头、黄油一起煎至四周焦褐色。

5 把小米龙和香料真空包装，放入温度设置为 64℃的低温机中低温慢煮 45 分钟。

6 取出小米龙，泡入冰水冷却。

7 将冷却的小米龙切成薄片。

金枪鱼酱

原料:

金枪鱼罐头 200g，蛋黄酱 600g，黑胡椒 0.3g，水瓜柳 20g，酸黄瓜 20g

制作方法:

1 将所有原料放入搅拌机充分搅拌均匀。

2 放入裱花袋。

风干番茄

原料:

樱桃番茄 100g，盐 2g，糖 10g，百里香 2g

制作方法:

1 将樱桃番茄从中间切开。

2 和剩余的所有原料混合均匀。

3 放入烘干机中，用 55℃烘干 3 小时。

最后的装盘方法:

1 将低温慢煮好的小牛肉片铺在盘子上。

2 挤上金枪鱼酱。

3 用橄榄油拌一下芝麻菜，并且放在牛肉片上方。

4 放上风干番茄。

樱桃番茄

原料：

红、黄、绿色的樱桃番茄各 10 颗，**接骨木腌汁 200g**

处理方法：

1 在锅子中烧一锅水，煮沸。

2 将樱桃番茄切十字刀，放入开水中烫 10 秒。

3 取出樱桃番茄，去皮。

4 将樱桃番茄泡入冰水中冷却。

5 泡入接骨木腌汁中浸泡一晚。

接骨木腌汁

原料：

接骨木糖浆 50g, 水 200g, 幼砂糖 50g, 米醋 30g

制作方法：

1 将所有原料混合。

2 倒入锅子中，煮沸。

3 冷却。

柠檬蛋黄酱

原料：

柠檬汁 10g, 蛋黄 2 个, 葡萄籽油 150g, 白酒醋 10g, 盐 0.1g, 白胡椒粉 0.1g, 柠檬皮碎 2g

制作方法：

1 在容器中放入蛋黄，倒入白酒醋。

2 边搅拌边加入葡萄籽油，充分混合。

3 加入柠檬汁、盐、白胡椒粉、柠檬皮碎调味。

最后的装盘方法：

1 在餐具中挤上水滴状的柠檬蛋黄酱。

2 将樱桃番茄顶部切去。

3 在柠檬蛋黄酱上放置樱桃番茄。

4 在番茄上撒上黑胡椒碎。

5 番茄上放菊花花瓣和罗勒芽装饰。

鹅肝罐头

原料：

鹅肝 200g，白兰地 13g，盐 3g，黑胡椒 0.2g，糖 3g，鸭油 10g

制作方法：

1 将鹅肝和白兰地混合，放入冷藏冰箱中腌制 4 小时。

2 将腌制好的鹅肝放入烤箱中，用 120℃烤制 15 分钟。

3 取出鹅肝，和盐、黑胡椒、糖一起放入搅拌机，充分搅拌均匀。

4 倒出鹅肝，用过滤网过滤。

5 倒入罐头中，倒入一层鸭油封层。

6 冷藏保存。

草莓酱

原料：

草莓 400g，水 30g，白糖 100g

制作方法：

1 将草莓清洗干净，切成小颗粒。

2 放入锅中加入水和白糖，用小火熬 60 分钟。

3 冷却后倒入容器中，冷藏保存。

面包

原料：

酸面团面包 1 片，黄油 10g

处理方法：

1 将酸面团面包抹上黄油。

2 放到碳烤炉上烤上条纹。

最后的装盘方法：

1 将鹅肝罐头，草莓酱，面包放在长方形的餐具上出餐。

注：装盘时鹅肝酱可以保持冷藏的状态，面包可以适当增加分量。

鲍鱼

原料:

鲍鱼 3~5 只（出餐时可按实际情况选量），**日式高汤 500g，腌汁 200g**

处理方法:

1 将活的鲍鱼清洗干净。

2 放入温度设置为 60℃的低温机中，低温慢煮 1 小时。

3 取出鲍鱼，去除内脏，清洗干净。

4 放入日式高汤中，真空包装。

5 放入万能蒸烤箱中，以100℃蒸 6 小时。

6 取出鲍鱼，放入腌汁中，腌制 12 小时。

日式高汤

原料:

水 1000g，木鱼花 100g，薄盐生抽 20g，昆布 55g

制作方法:

1 将昆布放到水中浸泡 6 小时。

2 将水煮沸，放入木鱼花和泡好的昆布。

3 离火，加盖。

4 静置1小时后过滤，倒入薄盐生抽。

腌汁

原料:

水 700g，生抽 340g，幼砂糖 170g，香茅 25g，生姜 20g，香叶 2 片，丁香 2 颗，小干葱 15g，蒜片 12g，清酒 70g，味淋 110g

制作方法:

1 将所有原料放入锅子中煮沸。

2 冷却，冷藏浸泡一晚。

装盘方法:

1 将腌制好的鲍鱼切成片。

2 放入鲍鱼壳中，额外淋上一些腌汁。

扇贝

原料:

扇贝 2 颗，纯净水 200g，盐 4g

处理方法:

1 在纯净水中放入盐，搅拌到盐溶化。

2 放入扇贝浸泡 30 分钟。

3 将扇贝取出切成块，放在冷藏冰箱中保存。

百香果柠檬汁

原料:

百香果果肉 50g，柠檬汁 10g，100％糖水 12g，橄榄油 15g，盐 0.1g，黑胡椒 0.1g

制作方法:

1 将所有原料混合均匀。

2 放入冰箱冷藏 4 小时。

装盘方法:

1 将扇贝放入餐具中。

2 淋上百香果柠檬汁。

3 放上 3 根芹菜苗装饰。

金枪鱼

原料:

金枪鱼 100g，**芥末油醋汁 5g**

处理方法:

1 将金枪鱼切成丁。

2 放入芥末油醋汁搅拌均匀。

3 装入餐具中。

4 放上豆苗芽装饰。

芥末油醋汁

原料:

生姜 20g，生姜汁 10g，生抽 150g，芥末粉 10g，大藏芥末 25g，柠檬汁 50g，芝麻油 5g，浓缩甜菜汁 20g

制作方法:

1 将浓缩甜菜汁以外的原料放入搅拌机中充分搅拌。

2 称取150g 搅拌好的酱汁混入浓缩甜菜汁。

3 搅拌均匀，冷藏。

浓缩甜菜汁

原料:

甜菜 1kg

制作方法:

1 将甜菜榨汁。

2 将甜菜汁放入锅子中加热浓缩到一半。

3 冷却。

帝王蟹腿

原料:

帝王蟹腿 1根，**日式高汤 1000g**，啤酒 300g，昆布（浸泡过水的） 25g

处理方法:

1 在蒸锅的下一层倒入剩余的所有原料，煮沸。

2 将新鲜的帝王蟹腿放入蒸锅中。

3 蟹腿蒸 8 分钟后取出，快速冷却。

4 切成需要的尺寸。

装盘方法:

1 将切好的帝王蟹腿装入餐具中。

火腿

原料:

帕尔马火腿 100g

处理方法:

1 将火腿刨成片。

2 冷藏保存。

豌豆

原料:

豌豆 100g，黄油 30g，水 1000g，盐 8g

处理方法:

1 将黄油和水放入锅子中煮沸。

2 加入盐。

3 放入豌豆，烫 2 分钟。

4 取出，冷却。

混合生菜

原料:

混合生菜 100g，**蜂蜜柠檬油醋汁** 10g

处理方法:

1 将混合生菜和油醋汁均匀混合。

蜂蜜柠檬油醋汁

原料:

蜂蜜 10g，大藏芥末 15g，柠檬汁 5g，红酒醋 10g，橄榄油 100g，盐 0.1g，黑胡椒 0.1g

制作方法:

1 将所有原料放入容器中。

2 用打蛋器充分搅拌。

3 放入挤酱瓶中冷藏。

最后的装盘方法:

1 将混合生菜放入餐具中。

2 放上豌豆。

3 将刨片的火腿卷起来，放在豌豆的旁边。

鸡胸肉

原料：

鸡胸肉 2 块，百里香 1 根，盐 0.1g，橄榄油 10g

处理方法：

1 将所有原料放入真空包装袋，真空包装。

2 放入温度设置为 55℃的低温机中。

3 低温慢煮 45 分钟。

4 取出鸡胸肉。

5 在锅子中加入橄榄油 10g，放入鸡胸肉，表面煎上色。

6 将鸡胸肉对切。

罗马生菜

原料：

罗马生菜 1 颗

处理方法：

1 将罗马生菜从中间切开两次，切成四瓣。

凯撒色拉酱

原料：

蛋黄酱 300g，蒜片 15g，柠檬汁 10g，银鱼柳 15g，帕玛森芝士 25g，橄榄油 15g

制作方法：

1 将所有原料放入搅拌机中。

2 充分搅拌。

3 最后用盐和黑胡椒调味。

面包

原料：

吐司面包 2 片，黄油 15g

处理方法：

1 将黄油放入锅子中，加热。

2 放入吐司面包，将面包煎上色。

黑松露粉

原料：

麦芽糊精 80g，松露油 10g

制作方法：

1 将麦芽糊精和松露油放入容器中。

2 用打蛋器充分搅拌混合。

最后的装盘方法：

1 将煎好的鸡胸肉放入盘子中。

2 旁边放上吐司面包。

3 将凯撒酱抹到切好的罗马生菜上，然后撒上芝士粉。

4 将罗马生菜放在吐司面包的旁边。

5 在吐司面包和鸡胸肉的中间放上黑松露粉。

藜麦

原料：

藜麦 100g，盐 1g，橄榄油 10g，蜂蜜 4g，黑胡椒 0.1g，意大利芹 0.1g

处理方法：

1 将藜麦放入沸水中用小火煮 35 分钟。

2 过滤，冷却。

3 加剩余的所有原料搅拌均匀。

澳带

原料：

带子 2 颗，2%盐水 300g，柠檬汁 2g

处理方法：

1 将带子放入 2%盐水中浸泡 20 分钟。

2 取出带子，用厨房纸吸干水分。

3 在锅子中倒入橄榄油，加热。

4 放入带子煎至两面金黄，出锅前淋柠檬汁。

5 取出后切成四等分。

百香果酱

原料：

新鲜百香果肉 250g，柠檬汁 4.5g，白糖 30g，焦糖 140g，纯净水 50g，黄原胶 4g

制作方法：

1 将所有原料倒入搅拌机充分搅拌均匀。

青柠蛋黄酱

原料：

蛋黄酱 200g，青柠汁 15g，青柠皮碎 0.5g

制作方法：

1 将所有原料混合搅拌均匀。

橙子

原料：

橙子 1 个

处理方法：

1 将橙子去皮，取肉。

2 用喷火枪将橙子表面灼烤上色。

法棍

原料：

法棍 1 根，黄油 10g

处理方法：

1 将法棍切成薄片。

2 抹上黄油。

3 放入烤箱中，用 180℃烤脆。

最后的装盘方法：

1 在餐具中放置一个圆形模具。

2 放入一层藜麦。

3 放上澳带和橙子。

4 顶上一旁放上面包片，在面包片上挤青柠蛋黄酱。

5 用斯卡拉苗叶和豆苗装饰。

6 在周围的盘面上淋百香果酱。

牛舌片

原料:

牛舌 1 根，西芹 80g，洋葱 160g，胡萝卜 100g，
橄榄油 40g，黑胡椒 0.3g

制作方法:

1 将牛舌清洗干净，吸干水分。

2 和剩余的所有原料一起真空包装。

3 放入温度设置为 76℃的低温机中，低温慢煮 48
小时。

4 取出，泡入冰水冷却。

5 取出，去皮，用刨片机刨片。

彩椒片

原料:

彩椒 3 颗，橄榄油 20g，盐 0.1g，黑胡椒 0.1g

制作方法:

1 将彩椒表面涂抹橄榄油。

2 将彩椒放到炭烤炉上烤到表面炭化。

3 将烤好的彩椒放到冰水中冷却。

4 去除表皮黑色的部分。

5 将彩椒切成三角块。

6 用盐和黑胡椒调味。

油醋汁

原料:

意大利黑醋 100g，意大利甜醋 100g，橄榄油 400g，
盐 0.2 g，黑胡椒 0.2g，李派林 10g

制作方法:

1 将所有原料混合均匀。

混合色拉

原料:

混合生菜 120g，樱桃番茄 3 颗，油醋汁 20g

制作方法:

1 将所有原料混合。

最后的装盘方法:

1 将混合色拉放入餐具中。

2 放上牛舌片、彩椒片。

3 将半颗牛油果切成三角块，出餐时放在色拉上。

三文鱼挞挞·牛油果·酸奶油·黑松露

三文鱼挞挞

原料:

烟熏三文鱼 100g,盐 1g,黑胡椒 0.1g,橄榄油 5g,
辣椒仔 1.5g

制作方法:

1 将烟熏三文鱼切成小粒。

2 和剩余的所有食材混合均匀。

调味牛油果粒

原料:

牛油果 1 个,酸奶 20g,柠檬汁 1g,黑胡椒 0.1g,
橄榄油 5g

制作方法:

1 将牛油果切成小粒。

2 和剩余的所有食材混合均匀。

松露酸奶油

原料:

奶油 100g,柠檬汁 5g,黑松露油 3g

制作方法:

1 将柠檬汁倒入奶油中,用打蛋器搅拌打发。

2 拌入黑松露油,放入冰箱冷藏 1 小时。

最后的装盘方法:

1 将调味好的牛油果粒放入半个牛油果壳中。

2 将烟熏三文鱼放到量勺中定型成半圆形,然后放
置在牛油果粒中间。

3 旁边放上松露酸奶油,并且放置几片黑松露作为
装饰和配菜。

菜头角

原料:

红菜头 1kg，黄金菜头 1kg，**黑松露芥末油醋汁 20g**，水 1500g，意大利黑醋 50g，黑松露酱 25g，盐 8g

制作方法:

1 将两种菜头切成角。

2 在锅子中放入水、意大利黑醋、黑松露酱、盐，煮沸。

3 放入菜头角。

4 用小火将菜头角煮软。

5 取出，快速冷却。

6 将菜头角和黑松露芥末油醋汁充分搅拌均匀。

黑松露芥末油醋汁

原料:

大藏芥末 10g，蜂蜜 12g，红酒醋 25g，芥末 2g，盐 0.1g，黑胡椒 0.1g，橄榄油 120g

制作方法:

1 将大藏芥末、蜂蜜、芥末放入容器中，搅拌均匀。

2 加入盐、黑胡椒，搅拌均匀。

3 缓慢地加入橄榄油，边加边用打蛋器充分搅拌。

4 搅拌均匀后装入挤酱瓶保存。

最后的装盘方法:

1 将准备好的菜头角和混合生菜充分搅拌。

2 在餐具中放入混合生菜。

3 放入混合的菜头角。

4 最后淋上一些松露芥末油醋汁。

5 放上四五个小干葱切成的圈。

蟹肉挞挞

原料：

帝王蟹腿 2 个，蛋黄酱 20g，奶油 5g，黑胡椒 0.1g，
盐 0.1g，橄榄油 3g，柠檬汁 2g

制作方法：

1 将帝王蟹腿放入沸水中煮 10 分钟。

2 取出后泡入冰水，冷却后取肉。

3 将剩余的所有原料和帝王蟹肉搅拌均匀。

芒果莎莎

原料：

芒果 100g，蜂蜜 5g，柠檬汁 2g，盐 1g，糖 1g，意
大利芹碎 0.1g，橄榄油 5g

制作方法：

1 将芒果切成小粒。

2 将剩余的所有原料和芒果粒混合均匀。

油醋汁

原料：

意大利黑醋 100g，意大利甜醋 100g，橄榄油 400g，
盐 5g，黑胡椒 0.7g，李派林 20g

制作方法：

1 将所有原料混合均匀。

最后的装盘方法：

1 在餐具中放置一个圆形模具。

2 放入芒果莎莎，轻轻压住定型。

3 上面放置蟹肉挞挞。

4 将香菜苗、芹菜苗、玉米芽、斯卡拉叶、豆苗混
合，用油醋汁调味。

5 将拌好的迷你香菜色拉放在最上方。

6 淋少量橄榄油。

7 顶部一旁可以放上帝王蟹腿的壳作为装饰。

慢煮鸭胸片

原料：

鸭胸 1 块，3%盐水 500g，百里香 1 根，大蒜 1 颗，盐 2g，黑胡椒 0.2g，橄榄油 20g，鸭汁 30g

制作方法：

1 将鸭胸去除筋膜，放入 3%盐水中浸泡 1 小时。

2 取出鸭胸，将其表面用吸油纸擦拭干净，撒上黑胡椒。

3 在锅子中倒入橄榄油，加热。

4 把鸭胸皮朝下，放入锅中煎上色。

5 加入大蒜、百里香，用勺子不停将锅里的油淋上鸭胸表面。

6 将煎好的鸭胸放入真空袋，倒入煎鸭胸的油，倒入鸭汁，放入锅子里的大蒜、百里香，一起抽成真空。

7 放入温度设置为 62℃的低温机中低温慢煮 45 分钟。

8 时间到后取出鸭胸，泡入冰水。

9 冷藏一晚后取出刨片。

油醋汁

原料：

意大利黑醋 100g，意大利甜醋 100g，橄榄油 400g，盐 0.2 g，黑胡椒 0.2g，李派林 10g

制作方法：

1 将所有原料混合均匀。

混合色拉

原料：

混合生菜 120g，樱桃番茄 3 颗，油醋汁 20g

制作方法：

1 将所有原料混合。

最后的装盘方法：

1 将混合色拉放到餐具中。

2 放上鸭胸片和半颗量猕猴桃片。

烟熏三文鱼·酸奶油·黄瓜·水瓜柳

烟熏三文鱼

原料：

三文鱼 500g，红糖 300g，白糖 100g，盐 250g，
鲜榨红菜头汁 100g，白胡椒粉 5g，莳萝 35g，青
柠皮碎 5g

制作方法：

1 将三文鱼以外的所有原料混合均匀。

2 将混合原料均匀涂抹在三文鱼上，腌制 12 小时。

3 12 小时后取出三文鱼，放入烟熏箱中冷熏 2 小时。

酸奶油

原料：

奶油 100g，柠檬汁 5g

制作方法：

1 将柠檬汁倒入奶油中，用打蛋器搅拌打发。

2 放入冰箱冷藏 1 小时。

腌制黄瓜

原料：

黄瓜 1 根，**基础腌汁** 200g

制作方法：

1 将黄瓜刨成薄片。

2 放入腌汁中腌制 4 小时。

基础腌汁

原料：

水 100g，幼砂糖 100g，白米醋 100g

制作方法：

1 将所有原料放入锅中混合。

2 煮沸，冷却。

最后的装盘方法：

1 将腌制好的三文鱼层层叠放，修成正方形。

2 将腌制好的黄瓜卷起来，放在三文鱼上。

3 放上少量酸奶油。

4 放上水瓜柳。

腌制青花鱼

原料:

青花鱼 1 条，盐 150g，糖 40g，青柠皮 20g，香菜籽 20g，黑胡椒 2g，**腌汁 700g**

制作方法:

1 将青花鱼去骨，取鱼柳，并且取出表面透明状的皮。

2 将香菜籽放在锅子中炒香，然后和腌汁、青花鱼以外的原料混合。

3 放入青花鱼，将调味料完全覆盖住鱼肉。

4 腌制 6 小时。

5 取出青花鱼，用水清洗干净，放入腌汁中浸泡一晚。

腌汁

原料:

小干葱 100g，黑胡椒 2.5g，香菜籽 3g，芥末籽 5g，盐 6g，水 200g，苹果醋 200g，味淋 200g

制作方法:

1 将黑胡椒、香菜籽、芥末籽一起放入锅子中炒香。

2 和剩余的原料混合。

法式吐司

原料:

吐司 1 片（2 厘米厚），黄油 500g，黑胡椒 0.1g，盐 0.1g

制作方法:

1 将黄油放入锅子中加热到 140℃。

2 将黄油过滤，冷却。

3 将黄油重新倒入锅子中，加热到 200℃。

4 放入吐司，炸到金黄色。

5 取出吐司，撒上盐和黑胡椒调味。

最后的装盘方法:

1 将腌好的青花鱼放到锅子中，用小火煎一下表皮。

2 取出青花鱼，在鱼的表面放上葱花。

3 将吐司放在餐盘中，放上青花鱼。

4 旁边搭配上青柠角。

慢煮牛肉

原料:

牛里脊 200g,橄榄油 10g,盐 0.1g,黑胡椒 0.2g

处理方法:

1 将所有原料装入真空包装袋中。

2 放入温度设置为 59.5℃的低温机中低温慢煮45分钟。

3 取出牛里脊,放入冰水中浸泡冷却。

4 将牛里脊切成薄片。

越南牛肉酱汁

原料:

小干葱 15g,蒜末 10g,鱼露 10g,柠檬汁 10g,小米椒 5g,香菜末 10g,椰糖 3g,蜂蜜 5g,矿泉水 200g,盐 0.2g

制作方法:

1 将所有原料混合均匀。

混合生菜

原料:

混合生菜 100g

处理方法:

1 将混合生菜撕成碎瓣泡入冰水中。

2 取出生菜,甩干水分。

最后的装盘方法:

1 将混合生菜放入餐具中。

2 铺上低温慢煮的牛里脊片。

3 放上小干葱圈。

4 淋上酱汁。

自制奶酪

原料:

牛奶 200g,柠檬汁 10g,盐 1g

制作方法:

1 将牛奶放入锅子中,加热至 85℃。

2 倒入柠檬汁和盐。

3 轻微搅拌一下,让牛奶凝固。

4 牛奶冷却后,倒入垫有纱布的过滤网中。

5 放入冷藏冰箱过滤一晚。

上色无花果

原料:

无花果 1 个,红糖 100g

制作方法:

1 将无花果切成四瓣。

2 在切面上均匀撒上红糖。

3 用火枪喷上色。

油醋汁

原料:

意大利黑醋 100g,意大利甜醋 100g,橄榄油 400g,盐 0.2 g,黑胡椒 0.2g,李派林 10g

制作方法:

1 将所有原料混合均匀。

意大利黑醋酱

原料:

意大利黑醋 200g,幼砂糖 40g

制作方法:

1 将意大利黑醋和幼砂糖放入锅子中。

2 用小火浓缩,煮到112℃。

3 冷却,装入挤酱瓶。

4 放到冷藏冰箱中保存。

混合色拉

原料:

混合生菜 120g,樱桃番茄 3 颗,油醋汁 20g

制作方法:

1 将所有原料混合。

最后的装盘方法:

1 将混合色拉放到餐具中。

2 在色拉上面放自制奶酪。

3 在色拉旁边放火腿片和上色无花果。

4 最后在色拉上面淋意大利黑醋酱。

腌制水

原料:
白酒醋 1000g，白酒 1000g，水 100g，蒜片 20g，盐 40g，糖 250g，荷兰芹 200g，黑胡椒 5g，罗勒 10g，香叶 2 片

制作方法:
1 将所有原料混合，倒入锅中。
2 煮沸。

腌制蔬菜

原料:
胡萝卜 500g，甜椒 100g，西芹 100g，小干葱 200g，杏鲍菇 100g，白萝卜 100g

制作方法:
1 将所有原料切成需要的形状。
2 泡入煮沸的**腌制水**中。
3 冷却。
4 放入冷藏冰箱浸泡腌制一晚。

保存: 制好后密封好，冷藏保存，可放七天。

成为氛围的掌控者

Bistro餐厅中的汤，其实是为了给后面的菜开胃的。以恰当的水量，释放鲜明的气息，就能将氛围感拉满。于是，对于安排菜单的人来说，负担就减轻了很多——客人将好喝的汤喝下去，后面的菜，都会更好吃一点。

在人类漫长的餐饮历史中，用一个环节的食物来营造氛围，这似乎不是必需，但却带给人更多思考"我能够去做什么"的机会。

那么，今天，我们从什么角度，才能创造更美好的氛围？

对我而言，是分享。

通过分享，可以给人增加精神层面的自由，给自己留出更多的空间。在这样的状态中，一切都在充分地进行着，人就会强烈感觉到马上就要开启的新阶段。所有收获，都不能说是意外。

SOUP

汤

海鲜番茄汤·麻虾酱面包

海鲜汤

原料：

蛤蜊30g，花蛤10g，虎虾1只，青口3个，小鱿鱼2只，海鲈鱼30g，鲍鱼1只，白兰地10g，大蒜末20g，樱桃番茄20g，罗勒叶2g，去皮番茄酱50g，辣椒粉0.2g，黑胡椒0.1g，盐3g，糖1g，鱼汤200g，橄榄油15g，意大利芹0.1g

制作方法：

1 在锅子中加入橄榄油10g，加热。

2 将蛤蜊、青口和大蒜末、辣椒粉倒入锅中，加盖，焖到贝壳的壳打开。

3 加入剩余的所有海鲜，加入白兰地，用喷火枪点火，蒸发掉所有酒精。

4 加入鱼汤、樱桃番茄、去皮番茄，加热到煮沸。

5 放入罗勒叶。

6 用小火煮15分钟。

7 用盐、糖、黑胡椒调味。

8 出锅时加入5g橄榄油和意大利芹。

面包

原料：

酸面团面包 1块，麻虾酱 10g

处理方法：

1 将酸面团面包放在碳烤炉上烤上条纹。

2 抹上麻虾酱。

最后的装盘方法：

1 将海鲜汤加热到沸。

2 确定调味已经准确。

3 倒入餐具中。

4 放上面包作为配菜。

5 放上罗勒叶作为装饰。

胡萝卜汤

原料:

胡萝卜 330g，苏打粉 1.7g，黄油 80g，水 20g，

盐 0.1g，白胡椒粉0.1g

制作方法:

1 将胡萝卜切成丁。

2 在锅子中倒入水和黄油，煮沸。

3 倒入胡萝卜和苏打粉。

4 加盖，小火煮 20 分钟。

5 将煮好的胡萝卜称一下重量，倒入等量的**蔬菜汤**。

6 一起倒入搅拌机中，充分搅拌均匀。

7 倒入锅子中用小火加热，加盐和白胡椒调味。

蔬菜汤

原料:

洋葱 100g，西芹 100g，胡萝卜 80g，茴香根 40g，

水 3000g，香叶 1 片，百里香 1 根，番茄 200g

制作方法:

1 将所有原料放入容器中。

2 放到万能蒸烤箱中，蒸 3 小时。

3 取出后过滤，冷却。

焦糖奶粉

原料:

全脂奶粉 20g，黄油 70g

制作方法:

1 在锅子中放入黄油，加热到熔化。

2 倒入全脂奶粉。

3 边用小火加热，边用打蛋器搅拌，直到奶粉变成

焦糖色。

4 过滤取得焦糖奶粉，再倒在吸油纸上吸去多余的

油。

最后的装盘方法:

1 在餐具中放入少量的焦糖奶粉。

2 倒入胡萝卜浓汤。

3 在最上方放上香菜苗、斯卡纳苗、豆苗作为装饰。

龙虾汤

原料:

橄榄油 100g,波士顿龙虾 4 只,白兰地 50g,去皮番茄 5000g,奶油 2000g,樱桃番茄 200g,罗勒叶 30g,大蒜 20g,额外的奶油 140g,盐 0.1g,黑胡椒 0.1g

制作方法:

1 锅中加入橄榄油。

2 放入龙虾和大蒜,煎香。

3 加入白兰地,用喷火枪点火,烧去酒精。

4 加入樱桃番茄和罗勒,炒香。

5 加入奶油和去皮番茄,用小火熬煮 3 小时。

6 将所有的汤一起放入搅拌机中,充分搅拌均匀。

7 用过滤网过滤出龙虾汤。

8 称取 200g 龙虾汤,加入额外的奶油混合。

9 加热后用盐和黑胡椒调味。

波士顿龙虾

原料:

波士顿龙虾 1 只,大蒜 1 颗,白兰地 10g,橄榄油 15g

处理方法:

1 将龙虾对半切开。

2 锅中放入橄榄油,加热。

3 加入大蒜和龙虾煎到表面上色。

4 倒入白兰地,用喷火枪点燃,去除酒精。

5 将龙虾放入烤箱中,用 180 ℃烤 4 分钟。

注: 在烤制龙虾时注意时间,防止龙虾肉过老。

最后的装盘方法:

1 将烤好的波士顿龙虾取肉,放到餐具中。

2 倒入龙虾汤。

3 在汤上滴几滴橄榄油。

蘑菇汤

原料:

香菇 1000g,蘑菇 1000g,白玉菇 75g,蟹味菇 75g,杏鲍菇 200g,洋葱 200g,香叶 3 片,百里香 2 根,白葡萄酒 100g,黑胡椒 2.1g,橄榄油 50g,蔬菜清汤 1440g,奶油 160g,盐 0.1g

制作方法:

1 橄榄油倒入锅子中加热。

2 加入洋葱炒香。

3 加入香叶、百里香以及黑胡椒2g。

4 加入所有菌菇炒香。

5 加入白葡萄酒,持续加热到葡萄酒几乎收干。

6 加入蔬菜清汤,煮沸,改用小火煮 20 分钟。

7 取出汤里的百里香根、香叶。

8 将剩余的原料倒入搅拌机中充分搅拌粉碎。

9 用过滤网过滤一次。

10 称取蘑菇汤 220g,加入奶油混合均匀,煮沸,而后用盐和黑胡椒各0.1g调味。

烤舞茸

原料:

舞茸 100g,橄榄油 20g

制作方法:

1 将舞茸清理干净,刷上橄榄油,放入排酸冰箱排酸 48 小时。

2 将排酸好的舞茸继续刷上一层橄榄油。

3 放入烤箱用 180℃烤 3 分钟。

最后的装盘方法:

1 将蘑菇汤加热到沸。

2 确定调味准确。

3 将汤倒入餐具中,中间摆放上烤舞茸。

南瓜汤

原料:

日本南瓜 1 颗, 蜂蜜 50g, 肉桂粉 2g, 橄榄油 10g, 奶油 100g, 盐 1.5g, 糖 1g

制作方法:

1 将南瓜对半切开, 去籽, 涂上蜂蜜和肉桂粉, 淋上橄榄油。

2 用锡纸包裹后放入烤箱用 180℃烤 1 小时, 直到南瓜酥软后从烤箱中取出。

3 剔出南瓜肉, 放入料理机中充分搅拌成酱。

4 过滤, 加入奶油、盐、糖调味。

青皮日本南瓜盅

原料:

青皮日本南瓜 1 个

制作方法:

1 将南瓜表面清洗干净。

2 放入蒸烤箱用 100℃蒸 45 分钟后取出。

3 切去南瓜顶部。

4 将南瓜籽挖出。

南瓜籽粉

原料:

南瓜籽和囊 100g

制作方法:

1 将南瓜籽和囊放入烤箱中, 用 180℃烤出香味。

2 取出南瓜籽和囊, 放入烘干机中用55℃烘干12小时。

3 将烘干好的南瓜籽囊放入咖啡搅拌机中打成粉。

酸奶油

原料:

奶油 200g, 酸奶 (含乳酸菌) 100g, 柠檬汁 2g

制作方法:

1 将奶油和酸奶混合。

2 放入容器中, 用保鲜膜密封。

3 放置在发酵箱中, 发酵 8 小时。

4 取出后加入柠檬汁, 搅拌均匀。

最后的装盘方法:

1 将青皮日本南瓜盅放到180℃的烤箱中加热。

2 在南瓜内底部放上一小勺酸奶油。

3 倒入南瓜汤, 撒上南瓜籽粉。

味噌汤

原料:

鸡汤 500 g，内酯豆腐 100g，白味噌 15g，赤味噌 15g，裙带菜 10g，京水菜 5g，松露油 0.1g，金桔汁 半颗量，盐 0.1g

制作方法:

1 鸡汤煮沸。

2 加入两种味噌。

3 搅拌均匀。

4 加入剩余的原料。

5 用盐调味。

最后的装盘方法:

1 将煮好的味噌汤装入餐具中。

2 趁热出餐。

豌豆汤

原料:

小豌豆 300g，黄油 20g，鸡汤 600g，薄荷叶 3g，糖 2g，盐 5g，菠菜 20g，苏打粉 1g

制作方法:

1 锅子中放入黄油，加热。

2 放入小豌豆翻炒。

3 加入糖、盐、苏打粉。

4 加盖，用小火煮 3 分钟。

5 将薄荷叶和菠菜放入沸水中烫 5 秒，取出，挤干水分。

6 将薄荷叶、菠菜和煮好的小豌豆放入搅拌机中充分搅拌成酱。

7 在锅子中倒入搅拌成的酱和鸡汤，加热。

酸奶油

原料:

奶油 100g，法式酸奶油 20g，柠檬汁 2g

制作方法:

1 将奶油和法式酸奶油混合。

2 放入 45℃的发酵箱中发酵 12 小时。

3 取出，放入柠檬汁。

芦笋片

原料:

水 1000g，黄油 30g，芦笋 2 根，盐 5g

制作方法:

1 将芦笋刨成片。

2 在锅子中放入水、黄油、盐，煮沸。

3 将芦笋片放入锅中煮 1 分钟，取出。

最后的装盘方法:

1 将芦笋片放在餐具底部。

2 倒入豌豆汤。

3 舀一小勺酸奶油放在豌豆汤液面中间。

玉米浓汤

原料：

新鲜玉米 350g，鸡汤 200g，奶油 100g，椰浆 50g，糖 10g，盐 1.5g

制作方法：

1 将新鲜玉米用锡纸包裹，放入 180℃的烤箱中烤 20 分钟。

2 和剩余的所有原料一起放入搅拌机中充分搅拌。

3 过滤。

胡萝卜薄脆

原料：

胡萝卜 160g，黄油 25g，全蛋 100g，红糖 146g，盐 1.5g，低筋面粉 190g，泡打粉 6g

制作方法：

1 将胡萝卜切成丁。

2 在锅子中放入黄油，加热。

3 放入胡萝卜，炒软。

4 将全蛋和红糖打发到发白的状态。

5 将所有原料混合。

6 放入冰箱中冷藏。

7 取出用擀面杖压成片。

8 放到180℃的烤箱中烤 10 分钟。

9 关闭烤箱热源，用余温继续烤 6 分钟。

胡萝卜油

原料：

胡萝卜 200g，葡萄籽油 300g

制作方法：

1 将所有原料放到万能料理机中。

2 用最高速度搅拌 1 分钟。

3 将机器开反转功能，同时设置加热到 70℃，保持运行 1 小时，然后关闭，待冷却。

4 冷却后倒入容器中，放入冰箱冷藏 12 小时。

5 用咖啡滤纸过滤。

6 倒入挤酱瓶中冷藏保存。

最后的装盘方法：

1 将加热好的玉米浓汤倒入餐具中。

2 淋上胡萝卜油。

3 旁边放上胡萝卜薄脆。

是那个我想要的味道

如果我想要一个味道，我就会想尽一切办法去提取它、表达它。

有时是想用一个有独特味道的食材去做一道菜，有时是先想到味道，然后找食材去完成。

比如，我想做一道菜，要让它有玫瑰的味道，就会去设法提取玫瑰的味道放进去；另一种情况是看到了玫瑰，然后想用玫瑰花做一道甜品。

无论我用了哪种方式，最后呈现在你面前的，就是那个我想要的味道。

厨师与客人之间，是由什么联络起来？由味道。而味道的背后，是食材。有好的食材，厨师可以发挥创作，客人才会吃到好的东西，会买单；客人付钱，厨师才有钱给供应商，供应商能赚到钱，继续采购食材。如此，便带动了一个地方某种食材的存续，食材的存续支持着生活的继续，也就形成文化。

MAIN COURSE

主菜

牛仔骨搭配烤玉米笋·烟熏土豆泥

香煎牛仔骨

原料:

牛仔骨 500g（可以切成 4cm 厚的片状），白兰地 10g，生姜 12g，洋葱 50g，盐 4g，西芹 15g，黑胡胡椒 2g

制作方法:

1 将生姜、洋葱、西芹切成丝，混合在一起。

2 将所有原料拌入牛仔骨中，腌制 12 小时。

3 取出牛仔骨。

4 将牛仔骨单独真空包装，用 65℃ 低温慢煮 2 小时。

5 取出牛仔骨，在锅子里将牛仔骨扒上花纹。

6 测试牛肉的中心温度，如果达不到 65 ℃，可以放入 160℃ 的烤箱烤5分钟。

炭烤玉米笋

原料:

玉米笋 100g，盐 2.1g，水 100g，百里香 3g，味淋 10g，清酒 5g，黑胡椒0.1g

制作方法:

1 将盐2g和水、百里香、味淋、清酒混合均匀。

2 将玉米笋放入，浸泡十分钟后取出。

3 放在网架上沥干部分水分。

4 撒上盐0.1g和黑胡椒，放到炭火炉上烤熟。

牛骨汁

原料:

橄榄油 150g，牛骨 15kg，牛脚 5kg，洋葱 1000g，西芹 1000g，胡萝卜 1000g，番茄 2kg，茄膏 400g，百里香 10g，水 25kg

制作方法:

1 将牛骨和牛脚放入托盘中，放入烤箱用 220 ℃ 烤到上色。

2 将茄膏放入锅子中炒上色。

3 另起锅，倒入橄榄油，加热。

4 放入洋葱、西芹、胡萝卜，炒上色。

5 将所有原料一起放入汤锅中，煮沸，改成小火。

6 用小火炖煮 48 小时，其间不断地撇去浮沫。

7 过滤，继续加热浓缩到需要的浓度。

红薯脆片

原料:

红薯 200g，色拉油 1500g

制作方法:

1 红薯刨成 2mm 厚的薄片。

2 放入 180℃ 的油锅中，炸到金黄色。

3 冷却。

4 放到 180℃ 的油锅中复炸一次。

5 取出，冷却。

烟熏土豆泥

原料:

红皮土豆 500g，盐 0.1g，黑胡椒碎 1g，奶油 150g，干稻草 50g，黄油 100g

制作方法:

1 在大容器里放入稻草，另放入一个小容器，里面放入奶油。

2 把稻草点燃后熄灭，用锡纸密封 1 小时。

3 取出奶油过滤一遍。

4 将红皮土豆放入 200℃ 的烤箱中烤上色，并等土豆完全熟透后取出。

5 挖出土豆肉，过筛成土豆泥。

6 锅中加入烟熏奶油、黄油、盐、黑胡椒碎和土豆泥，搅拌均匀。

最后的装盘方法:

1 将煎好的牛仔骨装盘。

2 旁边放上烟熏土豆泥和烤玉米笋。

3 淋上牛骨汁。

4 在烟熏土豆泥上可以放置黑松露片作为装饰。

5 在烤玉米笋上放甜薯片作为装饰。

盐烤比目鱼

原料：

比目鱼 200g，盐 0.5g，黑胡椒 0.1g，橄榄油 20g，
巧克力海盐 100g

制作方法：

1 将比目鱼撒上盐和黑胡椒，淋上橄榄油。

2 用烘焙纸包裹住比目鱼。

3 外面包裹巧克力海盐。

4 放入温度为 200℃的烤箱中，烤 18 分钟。

巧克力海盐

原料：

巧克力 30g，海盐 550g，蛋白 80g，墨鱼汁 30g

制作方法：

1 将蛋白打发。

2 加入熔化好的巧克力，加入墨鱼汁和海盐。

3 搅拌均匀。

烤蔬菜

原料：

绿芦笋 1 根，紫芦笋 1 根，白芦笋 1 根，鸡枞菌
2颗，橄榄油 10g

制作方法：

1 将芦笋放入烧开的2%盐水中烫熟，泡冰水冷却。

2 鸡枞菌切除根部，和芦笋一起放入容器中，撒上
盐和胡椒。

3 淋上橄榄油，放入180℃的烤箱中烤熟。

防风根慕斯

原料：

防风根 500g，苹果汁 400g，黑胡椒粒 5 颗，香叶
1 片，盐 1.1g，百里香 1 根，奶油 140g，黄油 10g

制作方法：

1 将防风根去皮，切块。

2 将防风根和苹果汁、黑胡椒粒、香叶、盐1g，百
里香一起真空包装。

3 放入万能蒸烤箱中，将防风根蒸软。

4 取出防风根，用搅拌机粉碎。

5 加入奶油。

6 边加热边搅拌，最后加入黄油。

7 用盐0.1g调味。

8 倒入虹吸瓶中，保温。

莳萝油

原料：

莳萝 50g，葡萄籽油 100g，盐 0.3g

制作方法：

1 将所有原料放入搅拌机中。

2 开高速充分搅拌。

3 静置一晚之后过滤。

4 冷藏。

最后的装盘方法：

1 将烤好的比目鱼装入餐具中，在客人餐桌上打开
海盐，去除烘焙纸，露出比目鱼。

2 将防风根慕斯打到一个小碗中。

3 摆放上蔬菜，淋上莳萝油。

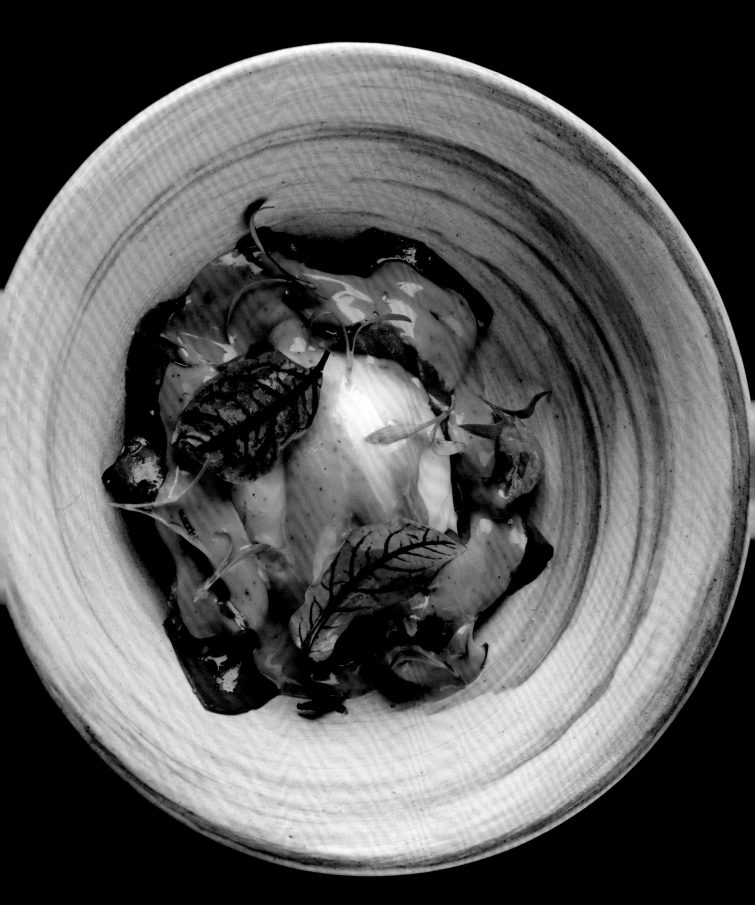

鸡蛋

原料:

鸡蛋 1颗

处理方法:

1 将鸡蛋放入温度设置为 64 ℃的低温机中，低温慢煮1小时。

2 时间到了之后可以放入 58 ℃的低温机中保温。

鸭肝

原料:

鸭肝 30g，面粉 20g，糖 20g

处理方法:

1 将鸭肝切成需要的形状。

2 将面粉和糖混合，将鸭肝放入包裹。

3 放到锅子中，煎熟。

牛肝菌

原料:

牛肝菌 1 个，上一步中剩余的鸭肝油，盐 0.1g，黑胡椒 0.1g

处理方法:

1 将牛肝菌切粒。

2 放到油中炒熟。

3 加入盐和黑胡椒调味。

油条

原料:

油条 1 根，盐 0.1g，黑胡椒 0.1g

处理方法:

1 将油条切成需要的形状。

2 放到180 ℃的油锅中炸脆。

3 捞出，撒上盐和黑胡椒。

黑松露酱

原料:

烧烤酱 100g，奶油 350g，松露酱 45g，黑松露油 15g，盐 0.1g，黑胡椒 0.1g，帕玛森芝士 30g

制作方法:

1 将奶油和烧烤酱放入锅子中，开小火煮，煮去酸味。

2 加入松露酱，继续小火煮。

3 将松露酱煮到有一点黏稠。

4 用盐和黑胡椒调味。

5 加入帕玛森芝士和松露油。

6 搅拌均匀。

最后的装盘方法:

1 在餐具中放上炒好的牛肝菌和煎好的鸭肝。

2 放上低温慢煮好的鸡蛋。

3 放上油条。

4 淋上黑松露酱汁。

5 放上甜菜叶和香菜苗作为装饰。

烤春鸡·菌菇奶油酱

烤春鸡

原料:

春鸡 1 只，**香料盐水 1000g，香料黄油 100g**

制作方法:

1 将春鸡放在排酸冰箱中吹干 1 天。

2 将春鸡放入香料盐水中浸泡 4 小时。

3 取出春鸡，擦干水分。

4 用风扇吹干表皮。

5 在春鸡表面均匀地抹上香料黄油，并且在鸡胸的肉和皮中间抹上香料黄油。

6 将春鸡用扎肉绳捆绑定型。

7 放入 200℃的烤箱中烤 25 分钟。

香料盐水

原料:

水 2000g，盐 120g，糖 80g，香菜籽 20g，芥末籽 10g，杜松籽 3g，黑胡椒 12g，肉桂 4g，香叶 3 片

制作方法:

1 将香菜籽、芥末籽、杜松籽、黑胡椒一起放入烤箱中。

2 用 200℃烤 2 分钟，直到散发出香味。

3 和剩余的原料一起放入锅子中，煮沸。

4 冷却。

香料黄油

原料:

无盐黄油 200g，百里香 5g，迷迭香 5g，特级红甜椒粉 10g，盐 3g

制作方法:

1 将无盐黄油放在室温下融化。

2 将所有原料混合均匀。

菌菇奶油酱

原料:

蘑菇 100g，香菇 100g，百里香 1 根，奶油 250g，帕玛森芝士 30g，盐 0.1g，黑胡椒 0.1g，橄榄油 20g，干白葡萄酒 20g，洋葱末 10g

制作方法:

1 将蘑菇和香菇切成厚片。

2 在锅子中倒入橄榄油，加热。

3 放入洋葱末炒香。

4 放入蘑菇和香菇，翻炒。

5 倒入百里香和干白葡萄酒，蒸发掉酒精。

6 倒入奶油，煮沸，浓缩掉 20%。

7 加入帕玛森芝士。

8 用盐和黑胡椒调味。

最后的装盘方法:

1 将烤好的春鸡装在餐具中。

2 将菌菇奶油酱装在其他餐具中，搭配在旁边。

澳带·鲍鱼羊肚菌奶油汁·青豆

煎澳带

原料:

澳带 5 颗，2%盐水 300g，橄榄油 10g，柠檬汁 2g

制作方法:

1 将带子放入 2%盐水中浸泡 20 分钟。

2 取出澳带，用厨房纸吸干水分。

3 在锅中倒入橄榄油，加热。

4 将澳带煎至两面金黄。

5 出锅前淋入柠檬汁。

6 取出后保温保存。

鲍鱼羊肚菌奶油汁

原料:

鲍鱼（切成颗粒状）1 只，羊肚菌 2 个，羊肚菌
水 100g，橄榄油10g，小干葱碎 10g，奶油 100g，
干白葡萄酒 15g，盐 0.1g，黑胡椒 0.1g

制作方法:

1 在锅中加入橄榄油。

2 放入小干葱碎炒香。

3 放入羊肚菌和鲍鱼，翻炒出香味。

4 倒入干白葡萄酒，将酒精蒸发掉，并且收干。

5 倒入羊肚菌水后煮沸。

6 倒入奶油，再次煮沸。

7 用小火熬煮酱汁 20 分钟。

8 用盐和黑胡椒调味。

炒青豆

原料:

焦黄油 20g，青豆 100g，盐 0.1g，黑胡椒 0.1g

制作方法:

1 将青豆放入沸水中焯 20 秒，取出，泡冰水。

2 在锅中加入焦黄油，加热。

3 倒入青豆翻炒。

4 用盐和黑胡椒调味。

最后的装盘方法:

1 将煎好的 5 颗澳带放到餐具中。

2 旁边放上炒好的青豆。

3 淋上鲍鱼羊肚菌奶油汁。

波士顿龙虾·羊肚菌·豌豆·胡萝卜

波士顿龙虾

原料:

波士顿龙虾 1 只,橄榄油 5g,盐 0.1g,黑胡椒 0.1g

处理方法:

1 准备一锅 2% 的盐水。

2 煮沸。

3 放入波士顿龙虾,煮 3 分钟。

4 取出波士顿龙虾,去壳。

5 将龙虾肉和所有调料真空包装。

6 放入温度设置为 59℃ 的低温机中。

7 低温慢煮 15 分钟。

8 取出龙虾肉,刷上一层橄榄油（额外）。

9 放在面火炉下保温。

羊肚菌

原料:

羊肚菌 10 颗,黄油 10g,干白葡萄酒 10g,盐 0.1g,
黑胡椒 0.1g,小干葱末 5g

处理方法:

1 将羊肚菌泡水涨发一晚。

2 将羊肚菌切成环。

3 锅子中放入黄油,加热。

4 放入小干葱炒香,放入羊肚菌,炒香。

5 倒入干白葡萄酒,收干。

6 放入盐和黑胡椒调味。

豌豆

原料:

豌豆 100g,黄油 30g,水 1000g,盐 8g

处理方法:

1 将黄油和水放入锅子中煮沸。

2 加入盐。

3 放入豌豆,烫 2 分钟。

4 取出,冷却。

辣味胡萝卜酱

原料:

胡萝卜丁 160g,洋葱 20g,鸡汤 200g,干白葡
萄酒 20g,橄榄油 15g,盐 0.1g,黑胡椒 0.1g,
辣椒仔 1g

制作方法:

1 在锅中放入橄榄油,加热。

2 放入洋葱炒香。

3 加入胡萝卜丁,翻炒出香味。

4 加入干白葡萄酒,煮至收干。

5 加入鸡汤,用小火将胡萝卜完全煮软。

6 倒入搅拌机中,充分搅拌均匀。

7 加入盐、黑胡椒调味。

8 冷却后加入辣椒仔。

最后的装盘方法:

1 将保温的龙虾放入餐具中。

2 龙虾旁边放上加热好的辣味胡萝卜酱。

3 将豌豆放在锅子中,加入橄榄油,翻炒加热。

4 将豌豆放在龙虾的旁边。

5 旁边放上切好的羊肚菌圈。

低温慢煮西冷牛排·豌豆·土豆泥

低温慢煮西冷牛排

原料：

西冷牛排 1 块（160～200g），百里香 1 根，迷迭香 1 根，蒜头 2 颗，橄榄油 15g

制作方法：

1 在锅子中倒入橄榄油，加热。

2 放入西冷牛排，用高温快速在表面煎上色。

3 将煎好的西冷牛排放入急速冷冻柜快速降温。

4 将西冷牛排和百里香、迷迭香、蒜头放入真空包装袋，真空包装。

5 放入温度设置为55℃的低温机中，低温慢煮30分钟。

6 取出真空袋，放入冰水中降温。

7 冷藏保存。

（如果三天内无法使用完，建议冷冻保存。）

酱汁

原料：

牛骨汁 500g，小干葱 10g，黑胡椒碎 10g，白兰地 15g，奶油 100g，盐 0.1g，黑胡椒 0.1g，橄榄油 10g

制作方法：

1 在锅子中加入橄榄油，加热。

2 放入小干葱和黑胡椒，炒香。

3 加入白兰地，蒸发掉酒精。

4 加入牛骨汁和奶油。

5 加热到煮沸。

6 用盐和黑胡椒调味。

土豆泥

原料：

土豆 2kg，黄油 120g，牛奶 220g，盐 0.1g，白胡椒 0.1g

制作方法：

1 将土豆放入烤箱，用180℃烤，直到可以用温度探针轻易地穿过土豆。

2 将土豆对半切开，挖出土豆肉（土豆皮保留，装盘时将用到）。

3 将土豆肉放入土豆泥搅拌机中搅拌。

4 将黄油和牛奶放入锅子中加热到60℃，倒到搅拌好的土豆泥中。

5 用盐和白胡椒调味。

炒煮小豌豆

原料：

小豌豆 100g，黄油 10g，小干葱 5g，干白葡萄酒 20g，鸡汤 120g，盐 0.1g，黑胡椒 0.1g

制作方法：

1 将黄油5g放入锅子中加热。

2 放入小干葱炒香。

3 放入小豌豆，翻炒。

4 倒入干白葡萄酒，蒸发掉酒精。

5 加入鸡汤，将小豌豆煮熟。

6 用盐和黑胡椒调味。

7 最后加入一小块黄油（5g）乳化。

甜薯片

原料：

甜薯 100g，盐 0.1g

制作方法：

1 将甜薯去皮，刨片。

2 切成需要的条状。

3 放入180℃的油锅中炸到金黄色。

4 将炸好的甜薯片放到烘干机中，用45℃烘干一晚。

5 取出后撒上盐调味。

最后的装盘方法：

1 西冷牛排在出餐前放入锅子中煎制，确保牛肉中心达到需要的温度。

2 将西冷牛排切成需要的形状。

3 将土豆泥加热之后装回土豆皮壳中，撒上辣椒粉2g。

4 在土豆泥上盛放炒煮好的小豌豆。

5 在餐盘中间的位置淋上酱汁。

6 在西冷牛排上放置甜薯片作为装饰。

低温慢煮鸭胸·红酒梨·杜松子蓝莓汁

慢煮鸭胸

原料：

鸭胸 1 个，3%盐水 500g，百里香 1 支，大蒜 1 个，盐 2g，黑胡椒 0.2g，橄榄油 20g，鸭汁 30g

制作方法：

1 将鸭胸去除筋膜，放入 3%盐水中浸泡 1 小时。

2 用吸油纸把鸭胸擦拭干净。

3 在锅子中倒入橄榄油 10g，加热。

4 把鸭胸表面撒上盐、黑胡椒，皮往下放入锅子中，煎上色。

5 加入大蒜、百里香，和鸭胸一起煎出香味。

6 将煎好的鸭胸放入真空袋，倒入煎鸭胸的油、鸭汁、大蒜、百里香，抽成真空。

7 放入温度设置为 62℃的低温机中低温慢煮 45 分钟。

8 将低温煮好的鸭胸取出，连真空袋一起泡冰水冷却。

9 将鸭胸连同真空袋放入冷藏冰箱保存。

红酒雪梨

原料：

红酒 500g，白糖 100g，香叶 3 片，桂皮 2 根，雪梨 2 个

制作方法：

1 雪梨切成厚片，去芯。

2 将剩余的所有原料放入锅中，煮沸。

3 放入梨片，用小火煮 1 小时。

红酒蓝莓汁

原料：

红酒 400g，橙皮 1 个（不要白皮），香叶 2 片，杜松子 10 颗，糖 120g，蓝莓 8 颗

制作方法：

1 将红酒、杜松子、糖、香叶、橙皮一起倒入锅中。

2 煮沸，改小火煮 30 分钟，直到香味浓郁，并且收缩到 30%左右。

3 离火，过滤，冷却。

4 出餐时加入蓝莓。

最后的装盘方法：

1 在出餐前将整道菜的所有配菜加热。

2 鸭胸在出餐前在鸭皮上划花刀，放入加热过的锅子中，将鸭皮煎上色直到脆。

3 鸭胸放入烤箱中用180℃烤制3～4分钟，确保其内部是温热的。

4 将鸭胸切割成需要的形状。

5 在餐具中摆放加热好的红酒雪梨。

6 放上鸭胸。

7 淋上红酒蓝莓汁。

8 用香菜苗叶作为装饰。

烤虎虾

原料:

虎虾 2 只,橄榄油 10g,盐 0.1g,黑胡椒 0.1g

制作方法:

1 将虎虾除净头部的内脏,从中间切开,去除虾线。

2 撒上盐、黑胡椒。

3 在锅子中放入橄榄油,加热。

4 将虎虾放入锅中,表面均匀地煎成金黄色。

5 放入 180℃的烤箱中,烤 2 分钟。

龙虾酱

原料:

橄榄油 20g,波龙 2 只,白兰地 50g,去皮番茄 2500g,奶油 1000g,樱桃番茄 100g,罗勒叶 10g,大蒜 20g,盐 0.2g,黑胡椒 0.2g

制作方法:

1 锅中加入橄榄油,加热。

2 放入大蒜炒香,放入龙虾,将有肉的一面煎成金黄色。

3 加入白兰地,用喷火枪点火烧去酒精。

4 加入樱桃番茄和罗勒叶翻炒。

5 加入奶油和去皮番茄,用小火熬 3 小时。

6 取出龙虾壳。

7 将剩余的所有酱汁放入搅拌机,充分搅拌。

8 过滤,用盐和黑胡椒调味。

细叶芹油

原料:

细叶芹 30g,葡萄籽油 200g,盐 0.1g,黑胡椒 0.1g

制作方法:

1 将细叶芹放入沸水中焯 10 秒,取出后泡冰水冷却。

2 将细叶芹挤干水分,和葡萄籽油一起放入搅拌机中充分搅拌。

3 倒入容器中,加入盐和黑胡椒调味。

4 放入冷藏冰箱静置 12 小时。

5 取出后用过滤纸过滤。

最后的装盘方法:

1 将龙虾酱加热,在餐具中淋上一勺。

2 将烤好的虎虾按照个人喜好的方式放到餐具中。

3 淋上细叶芹油。

煎烤三文鱼·混合菌菇·西洋菜色拉

煎烤三文鱼

原料:

三文鱼 120g，盐 0.1g，黑胡椒 0.1g，味淋 50g，
清酒 20g，洋葱 10g，百里香 1 根，干白葡萄酒 20g，
菜籽油 10g

制作方法:

1 将三文鱼用味淋、清酒、洋葱、百里香、干白葡
萄酒腌制 4 小时。

2 取出三文鱼，撒上盐和黑胡椒。

3 在锅子中倒入菜籽油，加热。

4 放入三文鱼，每一面都煎到金黄色。

5 取出三文鱼，放到 200 ℃的烤箱中烤 4 分钟。

6 取出后将三文鱼放在保温灯下静置 3 分钟。

混合菌菇

原料:

橄榄油 15g，蘑菇 50g，香菇 50g，百里香 1 根，
干白葡萄酒 20g，盐 0.1g，黑胡椒 0.1g

制作方法:

1 将蘑菇和香菇切成片。

2 在锅子中倒入橄榄油，加热。

3 倒入蘑菇片和香菇片，翻炒到香味溢出。

4 加入干白葡萄酒和百里香。

5 炒到干白葡萄酒基本蒸发之后，加入盐和黑胡椒
调味。

西洋菜色拉

原料: 西洋菜 100g，小干葱 1颗，**蜂蜜芥末酱** 5g

制作方法:

1 将小干葱切成丝。

2 所有原料混合均匀。

蜂蜜芥末酱

原料:

大藏芥末 25g，蜂蜜 20g，白酒醋 25g，柠檬汁
2g，黑胡椒 0.1g，盐 0.1g，橄榄油 150g

制作方法:

1 将大藏芥末和蜂蜜用打蛋器搅拌均匀。

2 加入白酒醋、柠檬汁、黑胡椒、盐，搅拌均匀。

3 缓慢地滴入橄榄油，边加边用打蛋器搅拌均匀。

4 充分搅拌后装入挤酱瓶冷藏保存。

最后的装盘方法:

1 在盘子中放上混合菌菇。

2 旁边放上三文鱼。

3 最后装上西洋菜色拉。

4 出餐前可以在三文鱼上淋一些橄榄油。

烤带骨肉眼

原料：

带骨肉眼 1 块，盐 0.2g，百里香 1 根，迷迭香 1 根，蒜头 2 颗，黄油 30g

制作方法：

1 在锅子中放入黄油，加热。

2 在带骨肉眼表面均匀撒上盐。

3 将带骨肉眼放入锅中，表面煎上色。

4 放入百里香、迷迭香、蒜头。

5 将锅中的油不停淋到牛肉表面，每一面持续淋 1 分钟。

6 将烤箱温度调到 120℃，放入带骨肉眼。

7 将带骨肉眼烤到中心温度达 50℃，移出烤箱。

8 包裹锡纸，待中心温度恢复到 55℃后进行分割。

蘑菇

原料：

蘑菇 200g，橄榄油 15g，盐 0.2g，黑胡椒 0.2g，黑松露油 0.2g

处理方法：

1 在白蘑菇表面淋上橄榄油。

2 撒上盐和黑胡椒。

3 放入 180℃的烤箱中，烤熟。

4 最后淋上黑松露油。

手指胡萝卜

原料：

手指胡萝卜 200g，橄榄油 20g，盐 0.2g，黑胡椒 0.2g

处理方法：

1 将手指胡萝卜和橄榄油混合均匀。

2 撒上盐和黑胡椒。

3 放入 180℃的烤箱中，烤软。

串番茄

原料：

串番茄 100g，橄榄油 20g，盐 0.1g，黑胡椒 0.1g

处理方法：

1 将串番茄和橄榄油混合。

2 撒上盐和黑胡椒。

3 放入 180℃的烤箱中烤熟。

土豆泥

原料：

土豆 2kg，黄油 120g，牛奶 220g，盐 0.1g，白胡椒 0.1g

制作方法：

1 将土豆放入烤箱中，用 180℃烤到可以用温度探针轻易地穿过土豆。

2 将土豆对半切开，挖出土豆肉（土豆皮保留，装盘时有用）。

3 将土豆肉放入土豆泥搅拌机中搅拌。

4 将黄油和牛奶放入锅子中加热到 60℃，倒到搅拌好的土豆泥中。

5 用盐和白胡椒调味。

最后的装盘方法：

1 将烤好的带骨肉眼切成需要的大小，装盘。

2 将烤好的各种蔬菜装入餐具中。

3 在烤过的土豆皮壳中装入土豆泥，撒上辣椒粉调味。

烤牛菲力·迷你胡萝卜和玉米

烤菲力

原料:

牛菲力1块,迷迭香1根,百里香1把,蒜头 2颗,
黄油 20g,盐 0.1g,黑胡椒 0.1g,植物油 20g

制作方法:

1 在牛菲力表面撒上盐和黑胡椒。

2 在锅子中倒入植物油,加热。

3 放入牛菲力,表面煎上色。

4 加入迷迭香、百里香、蒜头、黄油。

5 在牛菲力表面不停淋油,每一面一分钟。

6 将牛菲力放入120℃的烤箱中,烤到中心温度达
50℃。

7 取出牛菲力,包裹锡纸,让中心温度升至55℃。

手指胡萝卜和迷你玉米

原料:

手指胡萝卜 100g,迷你玉米 100g,橄榄油 10g,
盐 0.1g,黑胡椒 0.1g

处理方法:

1 将手指胡萝卜、迷你玉米用橄榄油充分混合。

2 撒上盐和黑胡椒。

3 放入180℃的烤箱中,烤熟。

山药泥

原料:

山药 500g,黄油 100g,牛奶 100g,盐 0.1g,黑
胡椒 0.1g

制作方法:

1 将山药清洗干净后放入万能蒸烤箱中蒸熟。

2 将山药去皮,放入网格中过滤成泥。

3 加入黄油、牛奶,搅拌均匀。

4 最后用盐和黑胡椒调味。

酱汁

原料:

牛骨汁 200g,黄油 30g,盐 0.1g

制作方法:

1 将牛骨汁加热,放入黄油乳化。

2 用盐调味。

牛骨汁

原料:

橄榄油 150g,牛骨 15kg,牛脚 5kg,洋葱 1000g,
西芹 1000g,胡萝卜 1000g,番茄 2kg,茄膏 400g,
百里香 10g,水 25kg

制作方法:

1 将牛骨和牛脚放入托盘中,放入烤箱用220℃
烤到上色。

2 将茄膏放入锅子中炒上色。

3 另起锅,倒入橄榄油,加热。

4 放入洋葱、西芹、胡萝卜,炒上色。

5 将所有原料一起放入汤锅中,煮沸,改成小
火。

6 用小火炖煮 48 小时,其间不断地撇去浮沫。

7 过滤,继续收缩到需要的浓度。

最后的装盘方法:

1 将烤好的牛菲力放入餐具中。

2 在餐具中另一边铺上山药泥,撒上意大利芹叶
碎。

3 摆放上手指胡萝卜和迷你玉米。

4 在中间淋上酱汁。

慢烤西冷牛排

原料:

西冷牛排 1 块 (200g),橄榄油 10g,盐 0.1g,黑胡椒 0.1g

制作方法:

1 在西冷牛排表面洒上油。

2 撒上盐和黑胡椒。

3 将牛排放到炭烤炉上,表面烤上色。

4 将烤上色的西冷牛排放入 120℃的烤箱中,烤到中心温度达50℃。

5 包裹上锡纸,让西冷牛排的中心温度上升到 55℃。

白玉菇和蟹味菇

原料:

白玉菇 100g,蟹味菇 100g,橄榄油 10g,盐 0.1g,黑胡椒 0.1g

处理方法:

1 在白玉菇和蟹味菇上淋上橄榄油。

2 撒上盐和黑胡椒。

3 放到炭烤炉上烤上色、至熟。

酱汁

原料:

牛骨汁 200g,松露酱 10g,盐 0.1g,黄油 20g

制作方法:

1 将牛骨汁加热。

2 放入松露酱,搅拌均匀。

3 加入盐调味。

4 加入黄油乳化。

牛骨汁

原料:

橄榄油 150g,牛骨 15kg,牛脚 5kg,洋葱 1000g,西芹 1000g,胡萝卜 1000g,番茄 2kg,茄膏 400g,百里香 10g,水 25kg

制作方法:

1 将牛骨和牛脚放入托盘中,放入烤箱用220℃烤到上色。

2 将茄膏放入锅子中炒上色。

3 另起锅,倒入橄榄油,加热。

4 放入洋葱、西芹、胡萝卜,炒上色。

5 将所有原料一起放入汤锅中,煮沸,改成小火。

6 用小火炖煮 48 小时,其间不断地撇去浮沫。

7 过滤,继续收缩到需要的浓度。

最后的装盘方法:

1 将烤好的西冷牛排切成需要的形状和大小,放到餐具中。

2 将烤好的白玉菇和蟹味菇装盘。

3 中间淋上酱汁。

4 在西冷牛排上撒少许的海盐增加风味。

酥皮焗海鲜

原料：酥皮 1 片，澳洲带子 2 个，三文鱼 40g，节瓜 3 片，茄子 3 片，盐 0.2g，黑胡椒 0.1g

制作方法：

1 将海鲜和蔬菜撒上盐和黑胡椒。

2 将海鲜和蔬菜煎上色，放入容器中。

3 盖上酥皮。

4 放入160℃的烤箱中烤15分钟。

牛肝菌奶油汁

原料：牛肝菌 2 个，橄榄油 10g，小干葱 10g，烧汁 20g，奶油 200g，盐 0.1g

制作方法：

1 将牛肝菌切成小丁状。

2 在锅子中倒入橄榄油，加热。

3 加入小干葱炒香，加入牛肝菌丁。

4 炒香后加入烧汁。

5 小火煮10分钟。

6 加入奶油煮沸。

7 最后用盐调味。

最后的装盘方法：

1 将烤好的海鲜酥皮碗从烤箱中取出，放在木质餐盘上。

2 旁边附酱汁盅装牛肝菌奶油汁，出餐。

· 91 ·

酸梅酱烤肋排

原料:

猪肋排 2000g，酸梅酱 1000g，柱候酱 200g，花生酱 100g，芝麻酱 100g，米酒 100g，生抽 200g，米醋 300g，砂糖 100g，五香粉 20g，蒜蓉 30g，生姜 20g

制作方法:

1 将猪肋排放入水池中用流动水冲泡，去除血水。

2 将剩余所有原料混合搅拌均匀。

3 在猪肋排上抹前面混合好的酱料，冷藏腌制 24 小时。

4 将腌制好的猪肋排取出，用锡纸包裹。

5 放入 180℃的烤箱烤 30 分钟。

最后的装盘方法:

1 将烤好的猪肋排取出，装入餐具中。

2 顶部放上迷迭香或其他香草作为装饰。

3 额外准备白兰地 50g，在出餐时可以淋上并点燃，增加香味和菜品的呈现效果。

慢煮鳕鱼

原料:

鳕鱼 400g,味淋 35g,清酒 25g,蒜片 10g,盐 0.2g,白胡椒 0.1g,橄榄油 15g,菌菇粉 1g

制作方法:

1 将所有原料(橄榄油用5g)混合,真空包装。

2 放入温度设置为 59℃的低温机中,低温慢煮 15 分钟。

3 取出鳕鱼。

4 在锅子中倒入橄榄油10g,加热。

5 放入鳕鱼,将鳕鱼皮煎上色。

烤番茄

原料:

樱桃番茄 200g,迷迭香 0.1g,百里香 0.1g,盐 0.1g,黑胡椒 0.1g,橄榄油 10g

制作方法:

1 将樱桃番茄对切。

2 撒上所有其他材料。

3 放入 200℃的烤箱中烤 4 分钟。

4 取出番茄,放在扒炉上将表面煎上色。

腌西芹

原料:

西芹 200g,腌汁 250g

制作方法:

1 将西芹斜切成片。

2 将腌汁煮沸,放入西芹。

3 待冷却,浸泡 6 小时。

腌汁

原料:

水 200g,幼砂糖 200g,米醋 200g,香叶 1 片,黑胡椒 2g,百里香 1 根

制作方法:

1 将香叶、黑胡椒放入烤箱中烤出香味。

2 将水、幼砂糖、米醋放入锅子中,煮沸。

3 将烤好的香料和百里香一起放入煮沸的腌汁中。

4 冷却后浸泡一晚。

酱汁

原料:

柚子汁 25g,黄油 110g,干白葡萄酒 100g,盐 0.1g,龙蒿草 0.1g

制作方法:

1 将干白葡萄酒和龙蒿草一起放入锅子中,煮沸。

2 用小火将干白葡萄酒浓缩到只剩 20%的量。

3 分次加入黄油,边加入边搅拌。

4 完全混合后,加入柚子汁。

5 最后用盐调味。

最后的装盘方法:

1 在餐具中放上处理好的鳕鱼。

2 旁边放上烤好的小番茄,上面放上细叶芹叶。

3 在鳕鱼旁边放上腌制的西芹。

4 淋上酱汁。

羊排·羊骨汁·孢子甘蓝·土耳其脆粉·紫薯泥·罗马生菜心

烤羊排

原料：

羊排 1 块（7 骨），盐 1g，黑胡椒 1g，迷迭香 1 根，大蒜 2 颗，橄榄油 25g

制作方法：

1 将羊排去除筋膜，用炸肉绳绑好。

2 和盐、黑胡椒、10g橄榄油一起放入真空袋，抽成真空。

3 放入温度设置为59℃的低温机中低温慢煮1小时。

4 取出泡冰水冷却。

5 从真空袋中取出羊排。

6 在锅中倒入橄榄油15g，放入羊排，将羊排表面煎上色。

7 放入大蒜和迷迭香，用小火煎至羊排表面金黄。

8 将羊排放入烤箱中用 180℃ 烤至中心温度达到 55～60℃。

羊骨汁

原料：

羊骨 5kg，洋葱 1200g，西芹 600g，胡萝卜 600g，番茄 600g，迷迭香 2 根，香叶 4 片，茄膏 300g，水 20kg，红酒 750g，鸡脚 2kg，黑胡椒 20 颗，橄榄油 100g，盐 0.1g，黑胡椒 0.1g

制作方法：

1 将羊骨和鸡脚一起放入托盘中，放入烤箱用220℃烤到焦褐色。

2 在锅子中放入橄榄油，加热。

3 放入洋葱、西芹、胡萝卜，炒上色。

4 在另外一个小锅中放入茄膏，炒上色。

5 将所有原料一起放入汤锅中。

6 煮沸后，用最小的火炖煮 24 小时。

7 在炖煮的过程中不断撇去表面的浮沫。

8 将炖煮好的羊骨汤过滤，倒入锅子中。

9 用小火浓缩到需要的浓稠度。

10 用盐和黑胡椒调味。

土耳其脆粉

原料：

面包糠 60g，黄金蒜蓉（油炸）20g，土耳其香料粉 60g，盐 2g，意大利芹 0.3g，卡真粉 10g

制作方法：

1 将所有原料混合均匀。

紫薯泥

原料：

紫薯 150g，奶油 35g，牛奶 10g，黄油 10g，盐 0.1g，黑胡椒 0.1g

制作方法：

1 将紫薯放入烤箱中，用160℃烤软。

2 取出紫薯，挖出紫薯肉。

3 将紫薯肉和奶油、牛奶、黄油放入搅拌机，混合打成泥。

4 取出后过滤。

5 用盐和黑胡椒调味。

烤孢子甘蓝

原料：

孢子甘蓝 10颗，橄榄油 10g，盐 0.1g，黑胡椒 0.1g

制作方法：

1 将孢子甘蓝一层层剥开。

2 放入 2%的盐水（额外）中煮 30 秒。

3 取出泡冰水。

4 在锅子中倒入橄榄油。

5 放入孢子甘蓝炒香。

6 用盐和黑胡椒调味。

烤罗马生菜心

原料：

罗马生菜 2颗，橄榄油 5g，盐 0.1g，黑胡椒 0.1g

制作方法：

1 将罗马生菜剥开，取出生菜心，刷上橄榄油。

2 放到炭烤炉上，烤上色。

3 用盐和黑胡椒调味。

最后的装盘方法：

1 将加热好的紫薯泥挖一勺放在餐具中。

2 旁边放上烤好的羊排和孢子甘蓝。

3 放上烤好的罗马生菜心，撒上土耳其脆粉。

4 淋上羊骨汁。

炸牛蛙腿

原料：

牛蛙腿 3 个，盐 1g，糖 0.5g，黑胡椒 0.3g，蒜头粉 0.3g，洋葱粉 0.3g，辣椒粉 0.3g，面包糠 50g，面粉 50g，鸡蛋 1 个

制作方法：

1 将牛蛙腿的骨头一侧切除。

2 将肉翻到另外一边。

3 加入盐、糖、黑胡椒、蒜头粉、洋葱粉、辣椒粉腌制 30 分钟。

4 用保鲜膜包裹住牛蛙腿。

5 放入蒸箱中蒸 3～4 分钟。

6 取出牛蛙腿，裹上面粉，蘸取鸡蛋液，再裹面包糠。

7 放到 180℃的油锅中炸到金黄色。

欧芹炖薏米

原料：

薏米 30g，欧芹叶 20g，盐 1.5g，黑胡椒 0.5g，干白葡萄酒 20g，小干葱 10g，鸡汤 200g，橄榄油 10g

制作方法：

1 将薏米泡在水中一晚。

2 欧芹叶在沸水中焯 5 秒，取出。

3 欧芹叶泡入冰水中冷却。

4 欧芹叶挤干水分，放入搅拌机，加入一倍量的水，充分搅拌成酱。

5 在锅子中倒入橄榄油，加热。

6 加入小干葱炒香，加入泡过水的薏米。

7 加入干白葡萄酒，炒到酒精完全挥发掉。

8 加入鸡汤，小火炖到薏米熟软。

9 加入欧芹酱调节颜色和风味。

10 加入盐和黑胡椒调味。

最后的装盘方法：

1 将煮好的薏米放到餐具中。

2 上面摆放炸好的牛蛙腿。

3 中间放上意大利芹作为装饰。

STAPLE FOOD

主食

八爪鱼西西里海鲜汁·直身面

直身干面

原料:

直身干面 50g, 煮面水 1000g (含5%的盐),
橄榄油 15g

处理方法:

1 煮面水放入锅中煮沸。

2 放入面煮 8 分钟。

3 捞出面, 放入容器中, 拌入橄榄油, 冷却。

八爪鱼西西里海鲜汁

原料:

小八爪鱼 4个 (一切二), 橄榄 8颗, 樱桃番茄
8颗 (切成角状), 大蒜片 5g, 水瓜柳 8粒, 白
葡萄酒 50g, 橄榄油 40g, 盐 0.1g, 黑胡椒 0.1g,
鱼清汤 60g, 罗勒叶 2片

制作方法:

1 锅子中放入橄榄油加热。

2 放入蒜片煸炒出香味。

3 放入八爪鱼、橄榄、水瓜柳, 翻炒。

4 倒入白葡萄酒, 烧去酒精。

5 放入鱼清汤, 用小火煮沸。

6 用盐和黑胡椒调味。

(樱桃番茄、罗勒叶在出餐前使用。)

最后的烹煮和装盘方法:

1 八爪鱼西西里海鲜汁放入煮好的直身干面, 用小
火煮沸。

2 离火。

3 放入樱桃番茄、罗勒叶, 再淋入10g橄榄油, 搅
拌均匀。

4 装入餐具中, 用豆苗装饰。

粗管短面·蛤蜊·青节瓜汁

意面

原料:

粗管短干面 60g,煮面水 1000g(含5%的盐),
橄榄油 15g

处理方法:

1 煮面水放入锅中煮沸。

2 放入面煮 8 分钟。

3 捞出面,放入容器中,拌入橄榄油,冷却。

焖蛤蜊

原料:

橄榄油 10g,蛤蜊 15 个,**青节瓜汁 100g**,大蒜片
10g,干白葡萄酒 30g,罗勒 3 片

制作方法:

1 在锅子中倒入橄榄油,加热。

2 放入大蒜片,煸上色。

3 放入蛤蜊和干白葡萄酒、鸡汤。

4 盖上锅盖,将蛤蜊焖到开口。

5 撒上罗勒叶。

6 最后放入青节瓜汁搅拌均匀。

青节瓜汁

原料:

青节瓜片 1kg,鸡汤 300g,菠菜 100g,盐 0.1g,
黑胡椒 0.1g,柠檬皮末 20g,蒜片 5 颗,橄榄油
30g

制作方法:

1 在锅子中放入橄榄油,加热。

2 放入蒜片和青节瓜片煸炒。

3 加入鸡汤,煮沸。

4 冷却,倒入搅拌机。

5 加入菠菜、柠檬皮末,充分搅拌。

6 倒入容器中,用盐和黑胡椒调味。

最后的装盘方法:

1 将蛤蜊铺在餐具周围。

2 把意面和青节瓜汁充分搅拌,然后放在餐具中间,
淋上5g橄榄油。

烩饭

原料:

橄榄油 10g, 鸡汤 50g, **菌菇酱 100g**, **半熟意大利米 160g**, 云南黑松露 20g, 黑松露油 2g, 黄油 30g, 帕玛森芝士粉 30g, 盐 0.1g, 黑胡椒 0.1g, 干葱末 10g, 蒜片 5g, 蟹味菇 20g

制作方法:

1 在锅子中加入橄榄油, 加热。

2 放入干葱末、蒜片煸香, 再放入蟹味菇, 翻炒。

3 加入半熟意大利米, 翻炒到半透明状。

4 加入鸡汤和菌菇酱, 小火煮到收干的状态。

5 加入黄油和帕玛森芝士粉, 搅拌均匀。

6 用盐和黑胡椒、黑松露油调味。

(云南黑松露在最后装盘时使用。)

半熟意大利米

原料:

意大利米 1 包, 百里香 1 根, 小干葱末 100g, 白葡萄酒 300g, 水 900g, 橄榄油 100g

制作方法:

1 将橄榄油倒入锅子中, 加热。

2 放入小干葱末和百里香炒香。

3 倒入意大利米, 翻炒到半透明色。

4 倒入白葡萄酒, 烧去酒精。

5 倒入一半水, 用小火炖煮。

6 分多次加入剩余的水, 直到意大利米几乎将水收干。

7 将煮好的意大利米倒入容器中冷却。

8 按照每包 160g 的重量分装。

菌菇酱

原料:

香菇 1kg, 白蘑菇 1kg, 京葱 100g, 洋葱丝 100g, 百里香 5g, 盐 0.1g, 黑胡椒 0.1g, 蒜头 3 颗, 鸡汤 1.5kg, 奶油 200g, 土豆 200g, 黄油 60g, 泡软的干牛肝菌 60g, 干白葡萄酒 80g

制作方法:

1 将所有菌菇切片。

2 在锅子中放入黄油, 加热。

3 加入洋葱丝、京葱、蒜头, 炒上色。

4 加入百里香和白葡萄酒, 烧去酒精。

5 放入所有菌菇、土豆, 翻炒。

6 加入鸡汤, 用小火炖煮 1 个小时。

7 加入奶油, 煮沸。

8 冷却, 倒入搅拌机, 充分搅拌均匀。

9 用盐和黑胡椒调味。

最后的装盘方法:

1 将煮好的烩饭盛入餐具中。

2 抛上黑松露片, 淋上黑松露油。

3 放上几颗橄榄作为装饰。

南瓜饺子·鼠尾草黄油汁

饺子皮

原料:

硬质小麦粉 500g, 蛋黄 18 个, 盐 2g, 橄榄油 15g

制作方法:

1 所有原料混合均匀, 形成面团。

2 将面团真空包装, 放入冷藏冰箱醒面 2 个小时。

3 取出面团, 用擀面机压成面皮。

4 将面皮切成 7cm×7cm 的尺寸。

饺子

原料:

本地南瓜 1个, 马斯卡彭芝士 200g, 盐 1g, 黑胡椒 1g, 烤杏仁碎 50g, **饺子皮**

制作方法:

1 将本地南瓜洗净去籽。

2 纵向切成长片, 放入烤盘。

3 封上锡纸, 放入烤箱以180℃烤 1 小时。

4 取出南瓜, 剔出南瓜肉。

5 将南瓜肉与剩余的内陷原料混合。

6 把馅包入饺子皮中, 然后对折成等腰三角形, 两边压紧, 最后两个角交错黏合。

黄油汁

原料:

黄油 50g, 鸡汤 30g, 鼠尾草 2 片, 盐 0.1g, 黑胡椒 0.1g

制作方法:

1 将所有原料混合。

2 用小火熬至黄油熔化。

最后的出餐和装盘方法:

1 将饺子放入煮面水（含5％的盐）煮10分钟。

2 取出饺子与黄油汁混合。

3 放在餐具上, 撒上芝士。

烩饭

原料:

牛腮肉 150g, 半熟意大利米 160g, 牛腮肉汁 50g, 鸡汤 220g, 黄油 30g, 帕玛森芝士粉 50g, 盐0.1g, 黑胡椒 0.1g, 意大利芹 4g, 柠檬皮 4g, 海盐 2g, 干葱末 20g

制作方法:

1 锅子中加入橄榄油, 加热。

2 放入干葱末, 煸香。

3 加入半熟意大利米, 翻炒到半透明状。

4 加入鸡汤, 小火煮到收干的状态。

5 加入黄油和帕玛森芝士粉, 搅拌均匀。

6 用盐和黑胡椒调味。

(牛腮肉和牛腮肉汁在出餐前使用。)

(将意大利芹、柠檬皮、海盐混合起来, 出餐时使用。)

半熟意大利米

原料:

意大利米 1 包, 百里香 1 根, 小干葱末 100g, 白葡萄酒 300g, 水 900g, 橄榄油 100g

制作方法:

1 将橄榄油倒入锅子中, 加热。

2 放入小干葱末和百里香炒香。

3 倒入意大利米, 翻炒到半透明色。

4 倒入白葡萄酒, 烧去酒精。

5 倒入一半水, 用小火炖煮。

6 分多次加入剩余的水, 直到意大利米几乎将水收干。

7 将煮好的意大利米倒入容器中冷却。

8 按照每包 160g 的重量分装。

炖煮牛腮肉

原料:

牛腮肉 2.5kg, 红酒 1 瓶, 西芹 500g, 洋葱 500g, 胡萝卜 500g, 百里香 10g, 茄膏 200g, 盐 1g, 黑胡椒 1g, 蒜头 5 粒, 鸡汤 3kg, 面粉 30g, 橄榄油 40g

制作方法

1 牛腮肉去除筋膜, 放入容器中。

2 加入盐、黑胡椒、胡萝卜、百里香、洋葱、西芹、蒜头、红酒腌制 24 个小时。

3 取出牛腮肉沥干。

4 平底锅烧热后放入橄榄油, 牛腮肉拍面粉, 放入锅中煎上色, 然后平铺在深的烤盘中。

5 另外一个锅中放入茄膏, 把水分炒干。

6 加入鸡汤、牛腮肉和第3步剩余的腌汁。

7 倒入烤盘中, 封上锡纸放入烤箱。

8 用180℃烤 3 小时。

9 取出后冷却。

10 将牛腮肉切成需要的大小, 每一块和烤盘中剩余的酱汁 (即牛腮肉汁) 一起放入真空袋抽真空保存。

最后的装盘方法:

1 将煮好的烩饭盛入餐具中。

2 牛腮肉放入低温机用 55℃加热。

3 取出牛腮肉, 放入锅中, 用黄油、大蒜、百里香在两面煎出焦黄色, 加入牛腮肉汁, 浓缩入味。

4 将牛腮肉放在烩饭上。

5 淋上牛腮肉汁, 撒上意大利芹、柠檬皮、海盐碎。

千层面

原料:

茄子1个,马苏里拉芝士100g,帕玛森芝士粉30g,罗勒叶切丝5g,**橄榄酱**10g,盐 0.5g,黑胡椒 0.5g,去皮番茄酱 40g,鸡蛋 100g,面粉 100g

制作方法:

1 将茄子切成 0.8mm 厚度的圆片,撒上盐。

2 把茄子裹上鸡蛋液,再裹上面粉。

3 放入180℃的油锅中炸到金黄色。

4 准备一个圆形模具。

5 交替放上一层茄子,一层去皮番茄酱,一层马苏里拉芝士。

6 中间撒上帕玛森芝士粉和罗勒叶丝。

7 最上层铺上马苏里拉芝士。

8 放到200℃的烤箱中,烤到最上层的芝士上色。

橄榄酱

原料:

橄榄 100g,特级橄榄油 150g

制作方法:

1 所有原料混合粉碎到丝滑状。

最后的装盘方法:

1 将千层面放在烤箱中加热。

2 放到餐具中,去除模具。

3 淋上橄榄酱。

4 用罗勒叶作装饰。

长直面·金枪鱼挞挞·布塔南斯卡汁

长直干面

原料:

长直干面 60g,煮面水 1000g(含5%的盐),橄榄油 15g

处理方法:

1 煮面水放入锅中煮沸。

2 放入面煮 8 分钟。

3 捞出面,放入容器中,拌入橄榄油,冷却。

金枪鱼挞挞

原料:

金枪鱼丁 100g (1cmx1cm),水瓜柳末 5g,干葱末 5g,意大利芹末 2g,生抽 5g,橄榄油 15g,柠檬汁 2g

制作方法:

1 将所有食材混合均匀。

布塔南斯卡汁

原料:

橄榄 5粒,水瓜柳 5粒,蒜片 5g, 樱桃番茄 8粒(切成角状),干白葡萄酒 15g,罗勒叶 3片,橄榄油15g,鸡汤 40g

制作方法:

1 在锅子中倒入橄榄油,加热。

2 放入蒜片,煸上色。

3 放入橄榄、水瓜柳,炒香。

4 放入干白葡萄酒,烧去酒精。

5 倒入鸡汤,煮沸。

6 放入番茄和罗勒叶。

7 冷却。

最后的装盘方法:

1 将金枪鱼挞挞用模具铺在餐具中间。

2 放上意面,淋上布塔南斯卡汁。

3 撒上意大利芹末作为装饰。

自制菠菜面·青口白酒汁

菠菜面

原料:

菠菜泥 80g, 硬质小麦粉 300g, 鸡蛋 2个, 橄榄油 10g, 盐 2g

制作方法:

1 将所有的原料混合均匀。

2 放入真空袋抽成真空。

3 放入冷藏冰箱醒面 2 个小时。

4 取出面团, 用擀面机压成面皮。

5 切成 1cm×15cm 尺寸的面皮。

青口白酒汁

原料:

青口 8个, 蒜片 10g, 干白葡萄酒 30g, 鸡汤 100g, 罗勒 3片, 樱桃番茄丁 30g, 橄榄油 10g

制作方法:

1 在锅子中倒入橄榄油, 加热。

2 放入蒜片, 煸香。

3 放入青口、干白葡萄酒、鸡汤。

4 盖上锅盖, 焖到青口开壳。

5 撒上罗勒叶和樱桃番茄丁。

最后的烹煮和装盘方法:

1 将面放入煮面水煮 5 分钟。

2 倒入煮青口白酒汁的锅中翻炒, 搅拌均匀。

3 把青口放在餐具的周边, 面盛放在中间。

笔尖面

原料:

笔尖干面 60g,煮面水 1000g(含5%的盐),橄榄油 15g

处理方法:

1 煮面水放入锅中煮沸。

2 放入面煮 8 分钟。

3 捞出面,放入容器中,拌入橄榄油,冷却。

海鲜奶油汁

原料:

蓝口贝 5 粒,鱼肉(切成丁) 20g,虾仁 5 个,蛤蜊肉 6 颗,奶油 50g,黑胡椒 0.2g,盐 0.2g,小干葱末 10g,干白葡萄酒 30g,鱼清汤 80g,芝士粉 50g,橄榄油 30g,黄油 20g

制作方法:

1 锅子加热,放入橄榄油。

2 放入小干葱末煸炒出香味。

3 放入海鲜(蓝口贝、鱼肉、虾仁、蛤蜊肉)炒香。

4 倒入白葡萄酒,用盐和黑胡椒调味。

5 倒入鱼清汤和奶油,用小火煮沸。

6 放入黄油和芝士粉待用。

三文鱼子

原料:

三文鱼子 50g

处理方法:

1 三文鱼子用过滤网滤掉多余的水分。

2 放入冰水中清洗干净。

3 如果三文鱼子覆有薄膜,需要清理掉。

最后的烹煮和装盘方法:

1 将面放入煮面水中加热。

2 将海鲜汁煮沸。

3 将笔尖面放入海鲜汁混合煮沸。

4 离火,放入黄油和芝士粉混合均匀。

5 放入三文鱼子,轻柔地搅拌均匀。

6 装入餐具中,用意大利芹叶碎作为装饰。

红菜头鳌虾烩饭+煎鳌虾

原料:

鲜榨红菜头汁 25g,**半熟意大利米 160g**,鳌虾 3 只 (两只去头去壳切丁,一只去壳去虾线),蒜片 5 g,鸡汤 200g,黄油 50g,帕玛森芝士粉 50g,橄榄油 20g,盐 0.1g,黑胡椒 0.1g

制作方法:

1 在锅子中加入橄榄油10g,加热。

2 加入蒜片炒香。

3 加入半熟意大利米,翻炒。

4 加入鸡汤和红菜头汁。

5 用小火将汤汁浓缩至干。

6 离火,加入鳌虾丁、黄油和帕玛森芝士粉,搅拌均匀,用盐和黑胡椒调味。

7 将剩余的鳌虾放入另外的锅子中,用橄榄油10g煎到三分熟。

板栗薄片

原料:

板栗 10 颗

制作方法:

1 将板栗去壳。

2 放到烤箱中,用 180℃烤熟。

3 用刨片刀刨成薄片。

半熟意大利米

原料:

意大利米 1 包,百里香 1 根,小干葱末 100g,白葡萄酒 300g,水 900g,橄榄油 100g

制作方法:

1 将橄榄油倒入锅子中,加热。

2 放入小干葱末和百里香炒香。

3 倒入意大利米翻炒到半透明色。

4 倒入白葡萄酒,烧去酒精。

5 倒入一半水,用小火炖煮。

6 分多次加入剩余的水,直到意大利米几乎将水收干。

7 将煮好的意大利米倒入容器中冷却。

8 按照每包 160g 的重量分装。

最后的装盘方法:

1 将煮好的烩饭装入餐具中。

2 将煎好的鳌虾放到烩饭中间。

3 放上板栗薄片和豆苗作为装饰。

红酒羊奶芝士烩饭

原料:

红葡萄酒 150g，**半熟意大利米 160g**，小干葱末 10g，鸡汤 150g，黄油 50g，新鲜羊奶芝士 50g，新鲜黑松露片 10g，盐 0.1g，黑胡椒 0.1g，松露酱 10g，橄榄油 30g

制作方法:

1 在锅子中加入橄榄油，加热。

2 放入小干葱末，炒香。

3 放入半熟意大利米，翻炒。

4 放入松露酱、红葡萄酒、鸡汤，用小火熬煮到差不多收干。

5 离火，放入黄油和羊奶芝士搅拌均匀，用盐和黑胡椒调味。

（黑松露片在最后装盘时使用。）

半熟意大利米

原料:

意大利米 1包，百里香 1根，小干葱末 100g，白葡萄酒 300g，水 900g，橄榄油 100g

制作方法:

1 将橄榄油倒入锅子中，加热。

2 放入小干葱末和百里香炒香。

3 倒入意大利米翻炒到半透明色。

4 倒入白葡萄酒，烧去酒精。

5 倒入一半水，用小火炖煮。

6 分多次加入剩余的水，直到意大利米几乎将水收干。

7 将煮好的意大利米倒入容器中冷却。

8 按照每包 160g 的重量分装。

最后的装盘方法:

1 将烩饭放入餐具中。

2 用黑松露片装饰。

自制意大利面·蒜香虾仁汁

手工直身面

原料:

硬质小麦粉 500g, 蛋黄 18 个, 盐 2g, 橄榄油 10g

制作方法:

1 所有原料混合均匀, 抽成真空。

2 放入冷藏冰箱醒面 2 个小时。

3 取出面团用擀面机压成皮, 用专用的手摇意大利面机切割成长15cm 的直身面。

4 将做好的面按照 120g 一份分装。

蒜香虾仁汁

原料:

蒜片 10 片, 辣椒碎 少许, 意大利芹末 5g, 盐 0.1g, 黑胡椒 0.1g, 银鱼柳 1 条, 生抽 5g, 橄榄油 30g, 鸡汤 50g, 青虾仁丁 30g, 干白葡萄酒 20g

制作方法:

1 在锅子中加入橄榄油15g, 加热。

2 放入蒜片煸成金黄色。

3 放入辣椒碎、银鱼柳、虾仁, 翻炒。

4 加入干白葡萄酒, 烧干酒精。

5 倒入鸡汤, 用小火煮到入味。

6 用盐、黑胡椒、生抽调味。

7 加入意大利芹末。

最后的烹煮和装盘方法:

1 手工直身面放入煮面水中煮到需要的程度。

2 加热蒜香虾仁汁。

3 将面和虾仁汁混合均匀。

4 装到餐具中。

短直筒面

原料：

短直筒干面 50g，煮面水 1000g（含5%盐），橄榄油15g

处理方法：

1 将煮面水放入锅中煮沸。

2 放入面煮 8 分钟。

3 捞出面，放入容器中，拌入橄榄油，冷却。

罗马汁

原料：

番茄酱 120g，布拉塔芝士 40g，蒜片 10g，炸茄子丁 30g，盐 0.1g，黑胡椒 0.2g，帕玛森芝士粉 50g，奶油 10g，樱桃番茄 6 颗（切成三角状），罗勒叶 5g，橄榄油 30g

制作方法：

1 在锅子中放入橄榄油。

2 烧热后放入蒜片炒香。

3 放入罗勒叶、樱桃番茄、炸茄子丁煸炒。

4 放入番茄酱和奶油，用小火加热，炖煮 10 分钟。

5 用盐和黑胡椒调味。

（配方中的两种芝士在最后出餐前使用。）

番茄酱

原料：

去皮番茄 2kg，大蒜 5 颗，罗勒 50g，洋葱丝 100g，盐 5g，黑胡椒 2g，糖 15g，橄榄油 100g

制作方法：

1 在锅子中放入橄榄油，加热。

2 放入大蒜、洋葱丝、罗勒煸炒出香味。

3 把去皮番茄放入锅中，煮沸后用中小火炖煮 1 个小时。

4 在炖煮的过程中需要不断搅拌。

5 用盐、黑胡椒、糖调味。

6 用手持搅拌机充分搅拌粉碎。

炸茄子丁和茄子片

原料：

茄子 2 根，盐 0.2g，面粉 50g

制作方法：

1 将一根茄子切成 1cm边长的丁。

2 用盐腌制 30 分钟。

3 沥干水分，裹上面粉。

4 放入 180℃的油锅中炸成金黄色。

5 将另一根茄子用刨片机刨成 1mm 厚的圆片。

6 将茄子片放入180℃的油锅中炸成金色波浪圆片。

最后的烹煮和装盘方法：

1 将短直筒面和罗马汁混合，加热。

2 用盐和黑胡椒调味。

3 离火，放入帕玛森芝士粉、茄子丁拌匀。

4 装入餐具中，用布拉塔芝士和茄子片作为装饰。

青豆伊比利亚火腿烩饭

烩饭

原料:

青豆泥 20g, 半熟意大利米 160g, 青豆 15 粒, 伊尼利亚火腿 3 片 (1 片切丝, 2 片切丁), 鸡汤 220g, 黄油 30g, 蒜片 10g, 帕玛森芝士粉 30g, 盐 0.1g, 黑胡椒 0.1g

制作方法:

1 锅子中加入黄油, 加热。

2 放入蒜片, 煸香。

3 放入青豆、火腿丁, 炒香。

4 加入半熟意大利米, 翻炒到半透明状。

5 加入鸡汤, 小火煮到收干的状态。

6 加入青豆泥和帕玛森芝士粉, 搅拌均匀。

7 用盐和黑胡椒调味。

(切丝火腿在最后装盘时使用。)

半熟意大利米

原料:

意大利米 1 包, 百里香 1 根, 小干葱末 100g, 白葡萄酒 300g, 水 900g, 橄榄油 100g

制作方法:

1 将橄榄油倒入锅子中, 加热。

2 放入小干葱末和百里香炒香。

3 倒入意大利米翻炒到半透明色。

4 倒入白葡萄酒, 烧去酒精。

5 倒入一半水, 用小火炖煮。

6 分多次加入剩余的水, 直到意大利米几乎将水收干。

7 将煮好的意大利米倒入容器中冷却。

8 按照每包 160g 的重量分装。

青豆泥

原料:

青豆 500g, 鸡汤 320g, 薄荷叶 20g, 盐 0.2g, 糖 2g, 黄油 30g, 菠菜叶 30g

制作过程

1 锅子中加入黄油, 加热。

2 放入青豆, 翻炒。

3 加入鸡汤, 用小火熬煮到青豆变软。

4 离火, 冷却。

5 将薄荷叶和菠菜放入沸水中焯 20 秒, 放入冰水中冷却, 挤干水分。

6 将青豆过滤取出后放入搅拌机, 放入菠菜和薄荷叶。

7 边搅拌边加入煮过青豆的汤, 直到材料变成柔顺的酱。

8 用盐和糖调味。

最后的装盘方法:

1 将煮好的烩饭盛入餐具中。

2 用火腿丝、芝士碎、豆苗作为装饰。

海鲜饭

原料:

半熟藏红花意大利米 200g,小干葱末 20g,青口 6粒, 蛤蜊 6 颗, 明虾 1 只, 小鱿鱼 3 只, 虾仁 3只, 蒜片 5g, 黄油 20g, 橄榄油 20g, 白葡萄酒50g, 帕玛森芝士粉 50g, 鱼清汤 500g

制作方法:

1 在锅子中加入橄榄油, 加热。

2 放入小干葱末、蒜片炒香。

3 放入各种海鲜, 继续翻炒。

4 倒入白葡萄酒, 烧掉酒精。

5 加入鱼清汤, 煮沸, 离火。

6 把海鲜和汤分开。

7 海鲜汤放入锅子中加热, 加入半熟藏红花意大利米。

8 海鲜汤浓缩到三分之二。

9 放入芝士和黄油搅拌。

半熟藏红花意大利米

原料:

意大利米 1 包, 百里香 1 根, 小干葱末 100g, 白葡萄酒 300g, 水 900g, 藏红花 1g, 橄榄油 100g

制作方法:

1 将橄榄油倒入锅子中, 加热。

2 放入小干葱末和百里香炒香。

3 倒入意大利米和藏红花翻炒。

4 倒入白葡萄酒, 烧去酒精。

5 倒入一半水, 用小火炖煮。

6 分多次加入剩余的水, 直到意大利米几乎将水收干。

7 将煮好的意大利米倒入容器中冷却。

8 按照每包 200g 的重量分装。

最后的烹煮和装盘方法:

1 将煮好的海鲜饭倒入平底锅中。

2 铺上海鲜。

3 放入烤箱中以 180℃ 烤 8 分钟。

4 出餐时用荷兰芹叶碎作为装饰。

笔尖面

原料:

笔尖干面 60g,煮面水 1000g(含5%的盐), 橄榄油 15g

处理方法:

1 煮面水放入锅中煮沸。

2 放入面煮 8 分钟。

3 捞出面,放入容器中,拌入橄榄油,冷却。

西蓝花泥

原料:

西蓝花 1kg,帕玛森芝士粉 150g,鸡汤 200g,橄榄油 50g,盐 0.1g

制作方法:

1 将西蓝花切块,放入沸水中煮 8 分钟。

2 将煮好的西蓝花放入冰水冷却。

3 和剩余的所有原料混合,放入搅拌机充分搅拌。

4 用过滤网过滤。

虾仁西蓝花汁

原料:

青虾仁 8个,樱桃番茄 3颗(切成三角状),盐 0.1g,黑胡椒 0.1g,小干葱末 10g,蒜片 5g,白葡萄酒 50g,橄榄 6颗,鱼清汤 60g,帕玛森芝士粉 50g,橄榄油 10g,黄油 30g,西蓝花(沸水中烫熟)50g,银鱼柳 5g,水瓜柳 6粒,**西蓝花泥 20g**

制作方法:

1 将锅子加热,倒入橄榄油。

2 放入小干葱末和蒜片炒香。

3 放入青虾仁、橄榄、水瓜柳、银鱼柳煸炒。

4 倒入白葡萄酒,烧去酒精。

5 放入鱼清汤,煮沸。

6 用盐和黑胡椒调味。

(樱桃番茄、西蓝花、西蓝花泥、帕玛森芝士粉、黄油在最终出餐时使用。)

最后的烹煮和装盘方法:

1 将虾仁西蓝花汁放入锅中。

2 放入笔尖面、西蓝花、樱桃番茄和虾仁西蓝花汁混合均匀,煮沸。

3 放入黄油和帕玛森芝士粉搅拌均匀。

4 在餐具中放入西蓝花泥打底。

5 装入第2步煮好的混合物。

6 淋上橄榄油20g。

烟熏三文鱼青苹果奶油汁·波浪面

波浪面

原料:

波浪干面 50g,煮面水 1000g(含5%的盐),橄榄油 15g

处理方法:

1 煮面水放入锅中煮沸。

2 放入面煮 10 分钟。

3 捞出面,放入容器中,拌入橄榄油,冷却。

烟熏三文鱼青苹果奶油汁

原料:

青苹果 30g(20g 切成边长1cm的丁,剩余的 10g 切成丝),奶油 70g,鱼清汤 90g,烟熏三文鱼 50g (20g 切丁),洋葱末 20g,黄油 20g

制作方法:

1 锅子烧热,放入黄油,黄油熔化后继续加热。

2 放入洋葱末炒香。

3 放入烟熏三文鱼丁、青苹果丁,继续煸炒。

4 倒入白葡萄酒,烧去酒精。

5 放入鱼汤和奶油,煮沸。

6 放入盐和黑胡椒调味。

(剩余的烟熏三文鱼、青苹果丝在最后装盘时使用。)

<u>最后的烹煮和装盘方法:</u>

1 将烟熏三文鱼青苹果奶油汁放入锅中加热。

2 放入波浪面,混合均匀,用小火煮沸。

3 离火,放入帕玛森芝士粉 10g,搅拌均匀。

4 装入餐具中,在顶部用烟熏三文鱼、青苹果丝作为装饰。

芝麻菜银鱼蒜酱色拉·螺旋面

螺旋面

原料：

螺旋干面 60g，煮面水 1000g（含5%的盐），橄榄油 15g

处理方法：

1 煮面水放入锅中煮沸。

2 放入面煮 8 分钟。

3 捞出面，放入容器中，拌入橄榄油，冷却。

芝麻菜银鱼蒜酱

原料：

芝麻菜 20g，**银鱼蒜酱** 30g，盐 0.1g，黑胡椒 0.1g，帕玛森芝士粉 50g，樱桃番茄 4颗（切成三角状）

制作方法：

1 将所有原料混合均匀。

银鱼蒜酱

原料：

大蒜 10 颗，银鱼柳 10 条，橄榄油 50g

制作方法：

1 将大蒜放入蒸烤箱中，用100℃蒸 1 个小时，取出。

2 放入 180℃的烤箱中烤 10 分钟。

3 取出，挖出蒜肉。

4 把蒜肉、银鱼柳、橄榄油放入搅拌机搅拌均匀。

最后的装盘方法：

1 将螺旋面放入煮面水中加热 1 分钟，取出。

2 将所有原料混合，搅拌均匀。

3 装入餐具中，淋上橄榄油。

我怎么可能让你吃那么饱

在甜品的环节，前面体验到的所有味道在这里都被甜所调和，如同形成甜美的小夜曲。

到了这个时候，我才会对你说，我怎么可能让你吃那么饱，不可能！

理想的一餐的安排，不会让人吃得很饱；但也不会不够吃，不会让人吃完后，走到家门口，觉得还有点饿，要吃碗拉面。为此我研究过一个正常的成年人吃多少东西，会达到一个很舒适的度，不会不够。很多餐厅，为了追求与价格匹配，不得不把菜的量增加到很大，不得不做很多菜，让客人吃到撑，因为他们害怕客人吃不饱——如果没有研究过正常成人吃多少有饱腹感，吃多少会撑，就会出现这样的情况。要有足够的信心，才敢把菜的量给到一个恰到好处的程度。

重要的是，多少量的食物，会让客人觉得舒服，吃得正好。所以有一条分界线，如果刚好触到它就正好；如果过了这条分界线，刹不住车，结果可能适得其反。

这是一些与甜品无关，但与整个用餐体验有关的闲话，适合在吃甜品时说。

DESSERT

甜品

火龙果·芹菜·椰子

火龙果冰淇淋

原料：

牛奶 480g，糖 60g，蛋黄 70g，奶油 100g，火龙果酱 200g，冰淇淋稳定剂 3g

制作方法：

1 将糖和蛋黄、冰淇淋稳定剂一起放入容器中，打到发白。

2 倒入牛奶，边加热边搅拌。

3 加热到 80℃。

4 冷却。

5 加入火龙果酱和奶油。

6 倒入 Paco jet 万能冰磨机的罐子中冷冻。

7 出餐前用 Paco jet 打一次。

椰子奶冻

原料：

椰汁 100g，椰浆 100g，糖 40g，鱼胶片 1 片

制作方法：

1 将椰汁和椰浆混合。

2 放入糖。

3 加热到糖溶化，放入鱼胶片溶化。

4 冷却。

西芹雪花

原料：

西芹汁 100g，30％糖水 30g

制作方法：

1 将西芹汁和糖水混合。

2 放入虹吸瓶中。

3 充入两颗二氧化碳气弹。

4 将汁水打入液氮中。

5 搅拌成雪花状。

6 可以在冷冻冰箱中保存。

最后的装盘方法：

1 将椰子奶冻放到餐具中。

2 放入火龙果冰淇淋。

3 撒上西芹雪花。

南瓜汁

原料:

南瓜 150g

制作方法:

1 将南瓜榨汁。

2 放入锅子中煮沸。

3 开小火浓缩至一半。

4 用最细的滤网过滤三次。

5 最终的南瓜汁可以用 30% 的糖水调节甜味。

烤南瓜

原料:

南瓜 100g，蜂蜜 10g

制作方法:

1 将南瓜放入锅子中煎上条纹，刷上蜂蜜。

2 放入烤箱中以 160℃ 烤熟。

葡萄

原料:

红葡萄 100g，绿葡萄 100g

处理方法:

1 将葡萄切片。

2 冷藏。

松针奶油

原料:

奶油 200g，松针 50g

制作方法:

1 将奶油和松针放入锅子中。

2 加热到 80℃。

3 冷却。

4 静置冷藏一晚。

松针芝士

原料:

松针奶油 100g，柠檬酸 0.1g

制作方法:

1 将松针奶油和柠檬酸一起放入锅子中。

2 加热到 80℃。

3 冷却，静置。

最后的装盘方法:

1 将葡萄片铺在餐具中。

2 放上烤好的南瓜。

3 放上一勺松针芝士。

4 在南瓜周围淋上南瓜汁。

5 放上有机花瓣作装饰。

豆腐芝士蛋糕

原料:

豆腐 150g ,奶油芝士 50g ,糖 75g ,鸡蛋 3 个 ,
淡奶油 80g

制作方法:

1 将豆腐用料理机打碎,用纱布包好,悬挂起来,
去水隔夜。

2 豆腐中加入奶油芝士和糖,用打蛋器充分打匀,
加入淡奶油,搅拌均匀。

3 将鸡蛋逐个加入到豆腐芝士酱中,搅拌均匀,倒
入模具。

4 烤箱预热到150 ℃,将模具内的原料隔水烤 20 分
钟左右。

5 取出冷却,放入冷藏室降温,再转入冷冻室。

6 出餐前冷冻一晚,再冷藏化冻一晚,第三天取出,
在**樱桃啫喱酱**中浸泡一次。

7 冷藏备用。

樱桃啫喱酱

原料:

樱桃果茸 200g, 30%糖水 100g, 卡拉胶 6g

制作方法:

1 将所有原料混合,倒入锅子中。

2 煮沸,冷却到 75℃。

樱桃脆片

原料:

樱桃果茸 150g, 糖 20g, 葡萄糖 25g, 异麦芽糖 10g

制作方法:

1 将所有原材料放入锅中煮沸。

2 用料理机充分搅拌均匀。

3 倒在不沾布上抹平,放入烘干机中。

4 用 55℃烘干一天。

红菜头果冻

原料:

红菜头 200g, 水 600g, 糖 35g, 复稠增配剂 20g

制作方法:

1 红菜头去皮、切块,加水150g,煮沸。

2 小火煮 10 分钟左右。

3 过滤去除红菜头,从留下的水中取450g,加糖,
继续煮沸。

4 加入复稠增配剂,搅拌均匀,倒入平盘中冷却。

5 切成需要的形状大小。

薄荷奶油

原料:

淡奶油 100g,幼砂糖 5g,新鲜薄荷 10g

制作方法:

1 将淡奶油和薄荷用搅拌机充分搅拌。

2 过滤出淡奶油中的薄荷叶子。

3 向奶油中加入幼砂糖。

4 用台式搅拌机打发。

最后的装盘方法:

1 将切好的红菜头果冻放在餐具中。

2 中间放上裹好啫喱的豆腐芝士球。

3 放上樱桃脆片。

4 在旁边挤上薄荷奶油。

5 用新鲜香草叶子作装饰。

胡椒木冰淇淋

原料:

胡椒木 5g，牛奶 200g，牛奶 487g，糖 70g，
蛋黄 70g，冰淇淋稳定剂 5g，奶油 100g

制作方法:

1 将胡椒木和牛奶 200g 一起抽真空。

2 放入温度设置为 65℃的低温机中，低温慢煮 1
小时。

3 将牛奶过滤。

4 另将糖和蛋黄放入容器中充分搅拌到打发状态。

5 加入牛奶 487g，加热到 80℃。

6 加入冰淇淋稳定剂、奶油和胡椒木牛奶。

7 冷却后倒入 Paco jet 万能冰磨机的罐子中。

8 冷冻。

凤梨薄片

原料:

菠萝 1 个，百里香 10g，30%糖水 100g，朗姆酒 30g

制作方法:

1 将凤梨切成 2mm 薄片。

2 将百里香、糖水和朗姆酒放入锅子中煮沸。

3 加入凤梨薄片。

4 浸泡 10 分钟后取出。

最后的装盘方法:

1 将圆形模具放入餐具中，再将凤梨片聚拢放入模
具中定型，而后去除模具。

2 用勺子将胡椒木冰淇淋挖出橄榄形，放在凤梨上。

3 可以放上一些可食用花瓣作装饰。

青柠·芒果·百香果

芒果冰淇淋

原料:

芒果酱 220g,蛋黄 70g,牛奶 487g,奶油 97g,
幼砂糖 60g,冰淇淋稳定剂 3g

制作方法:

1 将蛋黄和糖混合,打发到发白。

2 加入牛奶和冰淇淋稳定剂,边加热边搅拌。

3 加热到 85 ℃,离火,冷却。

4 加入奶油和芒果酱。

5 倒入 Paco jet 万能冰磨机的罐子中,冷冻一晚。

6 出餐前放到 Paco jet 中搅拌一次。

挞壳

原料:

黄油 100g,杏仁粉 28g,盐 1g,糖粉 36g,中筋
粉 180g,鸡蛋 35g,水 18g

制作方法:

1 所有粉类和黄油搅拌均匀。

2 鸡蛋加水混合。

3 以上两个混合物搅拌混合均匀。

4 用保鲜膜包好放入冰箱冷藏 20 分钟。

5 擀至 1～2 毫米厚度,刻出想要的大小,压在塔
模中,用叉子戳出排气孔。

6 放入 160℃的烤箱中烤 10 分钟至上色。

7 取出,整体刷蛋液再烤 2 分钟。

青柠挞

原料:

青柠汁 50g,炼乳 150g,蛋黄 55g,糖 18g

制作方法:

1 糖与青柠汁混合均匀。

2 蛋黄和炼乳混合均匀。

3 以上两者混合均匀。

4 倒入**挞壳**中,用 150 ℃烤 30 分钟。

5 冷却,倒入很薄的一层**百里香啫喱**,继续冷藏。

百里香啫喱

原料:

百里香水 100g,鱼胶片 0.5 片

制作方法:

1 将鱼胶片泡入冰水中至软。

2 将百里香水加热到 90℃,放入水合好的鱼胶片。

3 冷却。

百里香水

原料:

百里香 100g,水 300g,糖 40g

制作方法:

1 将水和糖放入锅子中。

2 加热到糖溶化。

3 放入百里香,盖上盖子,焖 15 分钟。

4 过滤,冷却。

最终的装盘方法:

1 挖出一个橄榄形的芒果冰淇淋,放到餐具中。

2 将制作好的青柠挞放上柠檬皮丝和有机花瓣作
为装饰,摆入餐具。

三色巧克力冰淇淋搭配罗勒·君度芒果·树莓果酱

三色巧克力冰淇淋

原料:

共同－(牛奶蛋黄酱)牛奶 300g, 幼砂糖 51g, 蛋黄 150g, 幼砂糖 90g

A组－黑巧克力 100g, 奶油 200g, 鱼胶片 4g

B组－牛奶巧克力 100g, 奶油 200g, 鱼胶片 5g

C组－白巧克力 110g, 奶油 200g, 鱼胶片 6g

制作做法:

1 向蛋黄中加入幼砂糖 90g, 搅拌均匀。

2 牛奶加幼砂糖 51g 煮沸。

3 将牛奶倒入拌匀的蛋黄中搅拌均匀。

4 倒入容器中继续打发到淡黄色。

5 将A、B、C组原料中的三种巧克力分别隔水融化。

6 将A、B、C组原料中的奶油各取100g分别煮沸, 倒入相应的巧克力中搅拌均匀。

7 将第4步做好的牛奶蛋黄酱均匀分成三份, 倒入相应的巧克力酱中拌匀。

8 趁热加入相对应泡软的鱼胶片搅拌均匀。

9 将A、B、C组原料中各自剩余的100g奶油分别打发, 然后拌入三种巧克力酱中。

10 倒入模具, 冷冻。

11 取出冷冻好的巧克力酱, 淋上**巧克力淋面酱**。

巧克力淋面酱

原料:

奶油 120g, 水 160g, 幼砂糖 185g, 可可粉 60g, 鱼胶片 15g

制作方法:

1 将鱼胶片泡入冰水 (配方外) 中至软。

2 将剩余的原料倒入锅中煮沸。

3 用小火熬至浓稠。

4 加入泡软的鱼胶片, 拌匀。

5 冷却到40℃。

罗勒油冰淇淋

原料:

新鲜罗勒叶 20g, 橄榄油 100g, 幼砂糖 250g, 葡萄糖 50g, 牛奶 600g, 黄原胶 1g

制作方法:

1 将罗勒叶加橄榄油用粉碎机打碎, 过滤。

2 将剩余的所有原料放入锅中煮沸。

3 将所有原料放入搅拌机中充分搅拌。

4 放入 Paco jet 万能冰磨机的罐子中冷冻一晚。

5 出餐前在 Paco jet 中搅拌一次。

樱桃果酱

原料:

樱桃果茸 100g, 幼砂糖 10g, 水 50g, 黄原胶 0.7g

制作方法:

1 将所有原料除黄原胶外放入锅子中, 煮沸。

2 用小火煮稠。

3 冷却后, 加入黄原胶。

4 放入搅拌机中充分搅拌。

5 过滤, 冷藏。

君度芒果

原料:

新鲜芒果 200g , 100%糖水 100g , 朗姆酒 10g

制作方法:

1 将新鲜芒果切块。

2 和剩余的所有原料真空包装。

3 放入温度设置为 55℃ 的低温机中, 低温慢煮 30 分钟。

4 取出, 泡冰水冷却。

最后的装盘方法:

1 将裹好淋面的三色巧克力冰淇淋放入餐具中。

2 旁边依次放上其他的配料。

沙布列饼底

原料：

黄油 180g，中筋面粉 340g，可可粉 20g，幼砂糖 140g，杏仁粉 50g，蛋液 90g

制作方法：

1 将蛋液以外的所有原料混合拌匀。

2 将蛋液缓慢加入，最后揉成团。

3 将揉好的面团擀成薄片，用模具刻出需要的形状。

4 放入 180℃的烤箱中，烤 8 分钟。

5 取出，冷却。

巧克力帕菲

原料：

牛奶 80g，葡萄糖 15g，幼砂糖 65g，蛋黄 50g，奶油 160g，黑巧克力 40g

制作方法：

1 将牛奶和葡萄糖倒入锅中加热煮沸。

2 将幼砂糖和蛋黄拌匀，将煮好的牛奶倒入，搅拌均匀。

3 继续倒回锅中，用小火煮到有一定的稠度。

4 将煮好的酱倒入巧克力拌匀，冷却。

5 将奶油打发，拌入巧克力酱中，装入模具冷冻。

6 出餐前淋上**巧克力淋面**。

巧克力淋面

原料：

黑巧克力 100g，可可脂 30g，混合坚果碎 10g

制作方法：

1 黑巧克力加可可脂混合，隔水加热熔化。

2 加入混合坚果拌匀。

香橙康普茶

原料：

康普茶 100g，新鲜橙汁 60g

制作方法：

1 将所有原料混合，煮沸。

2 冷却，冷藏保存。

康普茶

原料：红茶茶叶 10g，水 1000g，幼砂糖 100g，菌种 1 片

制作方法：

1 将水煮沸。

2 倒入红茶茶叶和幼砂糖。

3 冷却，装入容器中。

4 放入菌种，用纱布封口。

5 在室温下发酵 30 天后使用。

注：整个操作过程请注意卫生，须做好容器、工具的消毒。

最后的装盘方法：

1 在杯子中倒入香橙康普茶。

2 在杯口放上沙布列饼底。

3 放上巧克力帕菲。

4 中间可以插入吸管，用薄荷叶作为装饰。

拉近距离的最快捷的方式

"对于时间，有太多矛盾的情绪。

"想着'岁月你别催'，我还有太多想走还未走完的路，同时又焦急地盼望着时间告诉我这条路的尽头在哪。

"智者享受着岁月的浸润、沉淀、发酵、熟成，如同一道料理一般，时间是最好的催化物。不必着急，你尽管努力奔跑，上天自有安排。"

引用一句曾经最喜欢的话送给大家，这句话一直激励着我在选择的路上坚持行走。也许每个人的工作经历会不同，生活经历也有所不同，但是哪一个人又不是在为着生活奔波？不是为了自己的梦想去努力实践呢？

一个餐厅的出品，乃至私人精心准备的一餐饭，想让客人或家人品尝到什么味道，在我的厨房哲学体系里，可以用餐前菜或者小食来快速决定。

而我的梦想，就是让每一个想做出美食的人，有机会专心制作美食，让每一个有机会品尝的人，能专心品尝美食。

这是我们跟这个世界上的每一个别人拉近距离的最快捷的方式。

SNACK

小吃

海苔脆片·金枪鱼挞挞·牛油果酱·醋饭

海苔脆片

原料:

T45面粉 80g,泡打粉 4g,小苏打 2g,木薯淀粉 5g,土豆淀粉 5g,冰水 160g,海苔 2片

制作方法:

1 在冰水中加入所有粉材,搅拌均匀成为脆浆。

2 海苔两面沾上脆浆后贴在U形不锈钢模具上。

3 在170℃的油锅中炸至金黄色。

金枪鱼挞挞

原料:

金枪鱼赤身 100g,金枪鱼大腹 30g,柑橘酱油 5g,醋渍昆布 8g,飞鱼子 10g,葡萄籽油 10g

制作方法:

1 金枪鱼赤身切粒。

2 金枪鱼大腹用刀背去筋后切成丁状。

3 将所有材料搅拌均匀。

牛油果酱

原料:

牛油果 200g,维生素 C 2 片,30%的糖水 35g,盐 0.1g,辣椒仔 0.2g

制作方法:

1 将所有原料放入搅拌机中。

2 充分搅拌均匀。

3 用过滤网过滤一次。

4 装入挤酱瓶中冷藏保存。

醋饭

原料:

寿司米 200g,矿泉水 240g,寿司醋 18g

制作方法:

1 将寿司米和矿泉水放入电饭煲中。

2 用慢煮的方式将米饭煮熟。

3 将煮好的米饭倒入容器中。

4 加入寿司醋,搅拌均匀。

最后的装盘方法:

1 在炸好的海苔脆片中抹上一层醋饭。

2 放入金枪鱼挞挞。

3 在金枪鱼上挤牛油果酱。

4 最后用甜菜叶苗、豆苗作装饰。

海苔脆片·青提奶油烩蛤蜊

海苔脆片

原料:

T45面粉 80g，泡打粉 4g，小苏打 2g，木薯淀粉 5g，土豆淀粉 5g，冰水 160g，海苔 2片

制作方法:

1 在冰水中加入所有粉材。

2 充分搅拌均匀成为脆浆。

3 海苔两面沾上脆浆后贴在平板形不锈钢模具上。

4 放入 170℃的油锅中炸至金黄色。

青提奶油烩蛤蜊

原料:

青提（去皮）5 颗，蛤蜊 10 个，奶油 200g，小干葱碎 8g，白葡萄酒 25g，薄荷叶碎 3g，橄榄油 10g，盐 0.1g，白胡椒 0.1g

制作方法:

1 在锅子中加入橄榄油，放入小干葱炒香。

2 加入蛤蜊和白葡萄酒。

3 酒精完全挥发后加入奶油和去皮的青提。

4 收汁后加入薄荷碎。

5 用盐和白胡椒调味。

<u>最后的装盘方法:</u>

1 将炸好的海苔片放入餐具中。

2 放上青提奶油烩蛤蜊。

3 放上薄荷嫩芽作为装饰。

海苔脆片·三文鱼挞挞·茴香泥·腌制茴香花

海苔脆片

原料：

T45面粉 80g，泡打粉 4g，小苏打 2g，木薯淀粉 5g，土豆淀粉 5g，冰水 160g，海苔片（按照需要尺寸裁剪）2片

制作方法：

1 在冰水中加入所有粉材。

2 充分搅拌均匀成为脆浆。

3 海苔两面沾上脆浆后贴在平板形不锈钢模具上。

4 放入 170℃的油锅中炸至金黄色。

三文鱼挞挞

原料：

烟熏三文鱼 100g，新鲜三文鱼 100g，刺山柑 8g，黑橄榄 10g，海苔碎 5g，海盐 2g，柠檬汁 1g，柠檬皮（取屑）0.5 个，橄榄油 5g

制作方法：

1 将新鲜三文鱼与烟熏三文鱼切粒。

2 刺山柑、黑橄榄切碎，和其余的调味材料搅拌均匀。

3 将所有原料混合。

茴香泥

原料：

茴香根 200g，牛奶 500g，黄油 120g，盐 0.1g，黑胡椒 0.1g

制作方法：

1 牛奶和黄油放入锅子中加热熔化。

2 放入茴香根（切成丁）煮 20 分钟，直到茴香煮软。

3 倒入搅拌机中用搅拌机充分搅拌。

4 加入盐和黑胡椒调味。

腌制茴香花

原料：

茴香花 10g，水 100g，砂糖 50g，米醋 100g

制作方法：

1 将米醋、砂糖、水混合放入锅子中。

2 煮沸，离火。

3 加入茴香花浸泡。

4 冷却后腌制 24 小时。

最后的装盘方法：

1 将三文鱼挞挞放在海苔脆片上。

2 将海苔片放入餐具。

3 在三文鱼挞挞上面挤茴香泥。

4 最后用茴香花作为装饰。

黑虎虾天妇罗·海苔蛋黄酱

黑虎虾天妇罗

原料:

黑虎虾 5 只,**天妇罗浆 200g**,面粉 100g

制作方法:

1 将黑虎虾清理干净,保留头部的壳。

2 虾的表面拍上一层面粉。

3 裹上天妇罗浆。

4 放入 160℃的油锅中炸至金黄色。

天妇罗浆

原料:

T45 面粉 80g,泡打粉 4g,小苏打 2g,木薯淀粉 3g,土豆淀粉 3g,冰水 160g,蛋黄 1 个

制作方法:

1 冰水中加入蛋黄搅拌均匀。

2 加入剩余的所有原料。

3 轻柔地搅拌均匀。

4 放在冰箱中冷藏。

海苔蛋黄酱

原料:

蛋黄酱 200g,芥末籽 30g,飞鱼子 40g,海苔碎 5g,青芥末 5g,柠檬汁 1g

制作方法:

1 将飞鱼子以外的原料放入搅拌机。

2 充分搅拌均匀。

3 将飞鱼子放入,继续搅拌均匀。

最后的装盘方法:

1 将炸好的黑虎虾放入餐具中。

2 旁边放上海苔蛋黄酱。

3 额外准备一颗对切的金桔作为装饰和调味。

可乐牛肉饼

原料:

牛肉 3000g, 土豆泥 2000g, 橄榄油 50g, 蒜蓉
200g, 姜蓉 200g, 洋葱 150g, 西芹 150g, 胡萝
卜 150g, 鸡汤 4000g, 黄芥末 50g, 照烧酱 20g,
是拉差辣椒酱 30 g, 海盐 3g 适量, 黑胡椒 3g,
日式面包糠

制作方法:

1 在锅子中倒入橄榄油, 加热。

2 倒入洋葱、西芹、胡萝卜, 用小火炒干水分。

3 加入蒜蓉和姜蓉, 炒香。

4 加入牛肉炒香。

5 加入鸡汤, 用小火炖至牛肉酥烂。

6 静置冷却。

7 加入土豆泥和剩余调味料 (除日式面包糠外) 搅拌上劲。

8 放入冰箱冷冻成形后取出切块。

9 裹上日式面包糠, 放入160℃的油炸炉中炸至金黄色。

最后的装盘方法:

1 将可乐饼装在餐具中。

2 淋上沙拉酱。

3 撒上木鱼花和海苔粉作为调味和装饰。

腌制鸡肉

原料:

鸡腿肉 500g,蒜头 20g,生姜 20g,罗勒叶 10g,3%盐水 500g

制作方法:

1 蒜头、生姜和罗勒叶切碎后加入盐水搅拌均匀。

2 加入切好的鸡腿肉腌制 30 分钟。

炸鸡

原料:

腌制鸡肉,面粉 100g,**天妇罗浆 200g**

制作方法:

1 将鸡肉蘸取一层面粉。

2 在天妇罗浆中蘸一次,均匀包裹上浆汁。

3 放入 160℃的油锅中炸至金黄色。

天妇罗浆

原料:

T45 面粉 80g,泡打粉 4g,小苏打 2g,木薯淀粉 3g,土豆淀粉 3g,冰水 160g,蛋黄 1 个

制作方法:

1 冰水中加入蛋黄搅拌均匀。

2 加入剩余的所有原料。

3 轻柔地搅拌均匀。

4 放在冰箱中冷藏。

罗勒酱

原料:

罗勒叶 100g,松仁 10g,橄榄油 150g,盐 0.1g,黑胡椒 0.1g

制作方法:

1 罗勒叶放入沸水中焯 10 秒。

2 放入冰水中冷却。

3 挤干水分,放入搅拌机。

4 加入松仁和橄榄油,用搅拌机充分搅拌均匀。

5 加入盐和黑胡椒调味。

最后的装盘方法:

1 将炸好的鸡块放入容器中,放入五颗烤好的榛子。

2 倒入罗勒酱,搅拌均匀。

3 装入餐具中。

4 放上新鲜罗勒叶作为装饰。

南蛮炸鸡·塔塔酱·南蛮汁

腌制鸡肉

原料:

鸡腿肉 500g,姜片 20g,淡口酱油 15g,黑胡椒 0.2g

制作方法:

1 鸡腿切块。

2 加入剩余的原料,放入冷藏冰箱中腌制 12 小时。

炸鸡

原料:

腌制鸡肉,面粉 100g,**天妇罗浆 200g**

处理方法:

1 将鸡肉蘸取一层面粉。

2 在天妇罗浆中蘸一次,均匀包裹上浆汁。

3 放入 160℃的油锅中炸至金黄色。

天妇罗浆

原料:

T45 面粉 80g,泡打粉 4g,小苏打 2g,木薯淀粉 3g,土豆淀粉 3g,冰水 160g,蛋黄 1 个

制作方法:

1 冰水中加入蛋黄搅拌均匀。

2 加入剩余的所有原料。

3 轻柔地搅拌均匀。

4 放在冰箱中冷藏。

塔塔酱

原料:

蛋黄酱 300g,水煮鸡蛋 1 个,刺山柑蕾 10g,欧芹 10g,李派林 5g,柠檬皮(取屑)1 个,柠檬汁 0.5个,洋葱末 30g,盐 0.1g,黑胡椒 0.1g

制作方法:

1 将水煮鸡蛋、刺山柑蕾、欧芹全部切成末。

2 投入蛋黄酱中,加入李派林、柠檬皮屑、柠檬汁、洋葱末,搅拌均匀。

3 加入盐、黑胡椒调味。

包菜丝

原料:

包菜 100g,**南蛮汁 20g**

制作方法:

1 将包菜切成丝。

2 放入沸水中焯 10 秒。

3 取出泡冰水。

4 挤干水分。

5 放入容器中,放入南蛮汁搅拌均匀。

南蛮汁

原料:

清酒 150g,味淋 150g,白菊醋 40g,淡口酱 200g,姜片 10g

制作方法:

1 清酒和味淋放入锅子中,煮沸后点火。

2 酒精挥发完之后加入白菊醋和姜片,用小火煮 10分钟。

3 加入淡口酱油后煮沸。

4 离火,冷却一晚。

最后的装盘方法:

1 将混合好南蛮汁的包菜丝装入小餐具中,作为配菜。

2 将炸好的鸡块装盘,旁边放上塔塔酱。

泡菜牛肉罗勒芝士汉堡

樱桃番茄

原料：

樱桃番茄 3 颗

处理方法：

1 将樱桃番茄清洗干净。

2 切成薄片。

泡菜

原料：

包菜 1 颗，白米醋 100g，水 100g，糖 100g

制作方法：

1 将包菜切成细丝。

2 将白米醋、水、糖混合在一起煮开，放凉。

3 将包菜放入腌汁中浸泡一晚。

牛肉饼

原料：

牛肉末 500g，大藏芥末 10g，洋葱末 30g，鸡蛋 1
颗，番茄酱 55g，盐 3g，黑胡椒 1g，葡萄籽油 12g

制作方法：

1 将所有原料放入容器中，充分搅拌均匀。

2 按照需要的分量分别做成肉饼的形状。

3 将肉饼放在扒炉上煎上色。

4 放入烤箱中以 180℃烤到需要的程度。

面包

原料：

汉堡面包

处理方法：

1 汉堡面包从中间切开。

2 抹上黄油，放入烤箱中以 180℃烤 1 分钟。

最后的装盘方法：

1 在烤好的汉堡面包底部放上混合生菜 2 片。

2 放上樱桃番茄片和泡菜。

3 放上 3 片新鲜罗勒叶。

4 放上烤好的牛肉饼，淋上蛋黄酱。

5 再次放上 2 片生菜，放在面包的顶部。

牛肉干

原料:

牛臀肉 1000g，水 5000g，京葱 100 g，八角 1 颗，香叶 2 片，丁香 2 粒

制作方法:

1 在汤锅中倒入水。

2 牛臀肉冷水下锅。

3 加入剩余的原料。

4 煮沸后撇去浮沫，用小火煮 2 小时。

5 离火，放置在旁边冷却。

6 取出牛臀肉，顺着纹路切薄片。

7 将牛臀肉片放入 160℃的油锅中炸到八成干。

香料粉

原料:

孜然粉 250g，辣椒粉 100g，花椒粉 15g，洋葱粉 20g，蒜头粉 20g，玉桂粉 5g，丁香粉 5g，葛缕子 10g，多香果 15g，白芝麻 40g，盐 150g，糖 30g

制作方法:

1 把盐和糖以外的所有原料放入搅拌机中打成粉末状。

2 加入盐和糖。

3 继续搅拌成粉末状。

4 保存在密封盒中。

最后的装盘方法:

1 将炸好的牛肉丝放入容器中，放入烤过的花生碎。

2 撒入香料粉。

3 充分搅拌均匀。

4 装盘。

5 放上炸过的辣椒丝作为装饰。

苏格兰蛋

原料:

鸡蛋 5 个，猪肉糜 250g，橄榄油 100g，洋葱丁 100g，盐 2g，糖 0.5g，黑胡椒 1g，百里香 2.5g，蒜头粉 2.5g,洋葱粉 2.5g,辣椒粉 2.5g,面粉 60g，鸡蛋 2 颗，面包糠 200g

制作方法:

1 将鸡蛋放入沸水中煮 6 分 30 秒，取出泡入冰水中冷却。

2 将鸡蛋去壳。

3 在锅子中放入橄榄油，加热。

4 加入洋葱丁，炒到焦糖色。

5 在猪肉糜中加入炒好的洋葱丁，以及糖、黑胡椒、盐、百里香、蒜头粉、洋葱粉、辣椒粉，充分搅拌到上劲。

6 用猪肉糜包裹住鸡蛋。

7 在表面裹上面粉，蘸取蛋液（额外），最后再裹面包糠。

8 放到180℃的油锅中炸至金黄色，并且猪肉熟透。

最后的装盘方法:

1 将苏格兰蛋从中间对切。

2 装入餐具中。

炭烤玉米笋·椰子酱·七味粉

炭烤玉米笋

原料:

玉米笋 10 根，2%的盐水 1000g，黄油 50g

制作方法:

1 将盐水煮沸。

2 放入玉米笋，煮 3 分钟。

3 取出玉米笋，和黄油充分搅拌。

4 将玉米笋放在炭火炉上烤熟。

椰子酱

原料:

椰浆 100g，蛋黄 2 个，柠檬汁 10g，味淋 5g，盐
0.1g

制作方法:

1 将蛋黄放入容器中。

2 加入柠檬汁、味淋和盐。

3 隔热水不停搅拌，直到打发。

4 加入椰浆，继续搅打至黏稠。

七味粉

原料:

烤海苔 200g，白芝麻 50g，黑芝麻 50g，风干
小葱叶 30g，风干紫苏叶 10g，风干柚珠皮 30g，
日本山胡椒 5g，韩式辣椒碎 10g

制作方法:

1 将黑芝麻和白芝麻放入锅子中炒香。

2 离火后冷却。

3 将剩余的原料放入咖啡搅拌机中打碎。

4 将所有的原料混合均匀。

最后的装盘方法:

1 将烤好的玉米笋装入餐具中。

2 淋上椰子酱。

3 撒上七味粉。

4 最后放上豆苗作为装饰。

西蓝花天妇罗·泡菜酱

一支西蓝花

原料:

一支西蓝花 10 根，**天妇罗浆** 200g，面粉 100g

处理方法:

1 将一支西蓝花裹上面粉。

2 裹上天妇罗浆。

3 放入 160℃的油锅中炸至金黄色。

天妇罗浆

原料:

T45 面粉 80g，泡打粉 4g，小苏打 2g，木薯淀粉 3g，土豆淀粉 3g，冰水 160g，蛋黄 1 个

制作方法:

1 冰水中加入蛋黄搅拌均匀。

2 加入剩余的所有原料。

3 轻柔地搅拌均匀。

4 放在冰箱中冷藏。

泡菜酱

原料:

泡菜 300g，白芝麻 30g，雪莉醋 20g，淡口酱油 10g，玄米茶 50g，黄原胶 2g

制作方法:

1 将泡菜放入搅拌机，充分搅拌均匀。

2 加入剩余的原料，搅拌均匀。

最后的装盘方法:

1 将炸好的一支西蓝花放在烤架上。

2 刨上帕玛森芝士碎。

3 将一支西蓝花放到餐具中。

4 旁边挤上泡菜酱。

香料炸鸡·辣番茄酱·柠檬盐

腌制鸡肉

原料:

鸡腿肉 500g，无糖酸奶 200g，蒜蓉 30g，柠檬皮（取屑）0.5个

制作方法:

1 鸡腿肉切块。

2 加入剩余原料，腌制 24 小时。

炸鸡

原料:

腌制好的鸡肉，面粉 100g，天妇罗浆 200g

制作方法:

1 将鸡肉表面裹一层面粉。

2 在表面均匀地沾裹一层天妇罗浆。

3 放入 160℃的油锅中炸至金黄色。

天妇罗浆

原料:

T45 面粉 80g，泡打粉 4g，小苏打 2g，木薯淀粉 3g，土豆淀粉 3g，冰水 160g，蛋黄 1 个

制作方法:

1 冰水中加入蛋黄搅拌均匀。

2 加入剩余的所有原料。

3 轻柔地搅拌均匀。

4 放在冰箱中冷藏。

辣味番茄酱

原料:

番茄 1000g，橄榄油 25g，洋葱 100g，大蒜 30g，米醋 40g，李派林喼汁 12g，韩式辣椒粉 10g，辣椒仔 5g

制作方法:

1 番茄放入烤箱以 160℃烤至脱水后去皮切碎。

2 在锅子中放入橄榄油。

3 加入洋葱和大蒜炒香。

4 加入番茄。

5 将番茄煮至酥软。

6 加入剩余的调味料调味。

柠檬海盐

原料:

海盐 200g，柠檬皮 3 个

制作方法:

1 将柠檬皮放入烘干机中用 45℃烘干。

2 烘干后放入搅拌机中打成粉末。

3 加入海盐搅拌均匀。

最后的装盘方法:

1 将辣味番茄酱装入小餐具中作为配菜。

2 将炸好的鸡块装入餐具中，旁边撒上柠檬海盐。

鳕鱼天妇罗·柚珠酱

注：本例指图中下方盘中的菜品。

鳕鱼天妇罗

原料：

鳕鱼 200g，天妇罗浆 200g，酥皮丝 50g，面粉 100g，盐 0.1g，黑胡椒 0.2g，干白葡萄酒 20g

制作方法：

1 将鳕鱼切成 30g 左右的块状。

2 撒上干白葡萄酒、盐、黑胡椒，腌制半小时。

3 将鳕鱼表面裹上一层面粉。

4 用酥皮丝包裹住鳕鱼。

5 继续裹上天妇罗浆。

6 放入 160℃的油锅中炸到金黄色。

天妇罗浆

原料：

T45 面粉 80g，泡打粉 4g，小苏打 2g，木薯淀粉 3g，土豆淀粉 3g，冰水 160g，蛋黄 1 个

制作方法：

1 冰水中加入蛋黄搅拌均匀。

2 加入剩余的所有原料。

3 轻柔地搅拌均匀。

4 放在冰箱中冷藏。

柚珠荷兰酱

原料：

寿司醋 100g，奶油 100g，全蛋 1 个，蛋黄 3 个，柠檬汁 3g，澄清黄油 500g，卡宴辣椒粉 1g

制作方法：

1 全蛋和蛋黄放入容器中。

2 加入一勺热水。

3 把容器放在盛有热水的锅内，对容器内的材料进行隔水打发。

4 依次加入寿司醋、奶油。

5 从锅上移除。

6 加入澄清黄油，打发到定型。

7 最后加入柠檬汁和卡宴辣椒粉，搅拌均匀。

8 倒入虹吸瓶，充入两颗气弹。

9 在冷藏冰箱中保存。

最后的装盘方法：

1 将炸好的鳕鱼放入餐具中，上面撒上罗勒芽作为装饰。

2 旁边用虹吸瓶挤上柚珠荷兰酱，撒上卡宴辣椒粉。

3 旁边放上半颗切开的金桔。

炸猪排·猪排酱·油醋汁·包菜丝

炸猪排

原料:

猪里脊 300g,日式面包糠 500g,T45 面粉 200g,
蛋液 200g,盐 0.1g,黑胡椒 0.1g

制作方法:

1 将猪里脊放入排酸冰箱,排酸 48 小时。

2 取出后切块,用肉锤拍成需要的厚度（通常1cm）。

3 给猪里脊撒上盐和黑胡椒,按顺序裹上面粉、蛋
液、面包糠。

4 放入 160℃的油锅中炸 3 分钟。

5 取出放在网格上,过滤掉多余的油。

猪排酱

原料:

橄榄油 45g,番茄沙司 200g,洋葱 80g,西芹 50g,
胡萝卜 50g,蒜蓉 5g,姜蓉 5g,青苹果丁 200g,
淡口酱油 20g,红糖 40g,米醋 70g,丁香粉 1g,
肉豆蔻粉 1g,干鼠尾草 1g

制作方法:

1 在锅子中倒入橄榄油。

2 将洋葱、西芹、胡萝卜倒入锅中炒香。

3 加入番茄沙司,用小火煮 10 分钟。

4 加入剩余的所有原料,用小火收汁。

油醋汁

原料:

橄榄油 100g,白酒醋 100g,蜂蜜 5g,盐 0.2g,
黑胡椒 0.2g

制作方法:

1 将所有原料混合,搅拌均匀。

包菜丝

原料:

包菜 200g,2%盐水 1500g,油醋汁 15g

处理方法:

1 将包菜切成丝。

2 在锅子中加热 2%的盐水,直到煮沸。

3 放入包菜丝,煮 20 秒,取出。

4 泡入冰水,冷却。

5 取出包菜丝,挤干水分。

6 拌入油醋汁调味。

最后的装盘方法:

1 将拌好油醋汁的包菜丝装入配菜的小餐具中。

2 猪排酱装入配菜的小餐具中。

3 将炸好的猪排放入主餐具中。

4 同时上桌。

紫苏番茄茄子色拉

茄子和番茄

原料:

紫苏嫩芽 10g, 番茄 2 个, 贺贸茄子 1 个, **腌汁** 20g

制作方法:

1 将贺贸茄子和番茄放到炭烤炉上烤到表皮炭化。

2 将茄子和番茄去皮。

3 切成块。

4 将茄子块加入腌汁腌制 10 分钟后取出。

5 将茄子块与番茄、紫苏嫩芽搅拌均匀。

腌汁

原料:

清酒 120g, 味淋 60g, 白酱油 80g, 淡口酱油 20g, 米醋 10g, 梅子 25g

制作方法:

1 将梅子去核, 切成末。

2 将清酒和味淋放入锅中, 煮沸后点火。

3 等酒精挥发后加入其余所有原料煮沸。

4 离火冷却。

最后的装盘方法:

1 将腌好的茄子和番茄装入餐具中。

2 放上豆苗作为装饰。

后记

在2022年初春这个非常特殊的时期，我决定去作这一本汇聚了我和我的团队很多心血的烹饪书。

这不是一本烹饪特定的哪一个国家菜系的料理食谱，我们抛开了各种菜系认知之间的硬性关系，因为我相信在美食领域中，传递快乐和美味就是这一本书存在的价值。

过去的一年，我一直问自己：众多的美食爱好者们，专业厨师们，餐厅的经营者，他们会需要一本如何实用的烹饪书？

当一个人想打开冰箱，用冰箱内的食材制作一顿简单的午餐，用于跟家人、朋友或者其他重要的人团聚时，或者在自己经营的餐厅中希望更新推出一些脍炙人口、让人喜欢的菜品时，我觉得，那就是充满魅力的食物登场的时候，这样的食物就是这一次我想写的书中的内容。

在这本书中，所有菜品被划分为"前菜、汤、主菜、主食、甜品、小吃"几个大类，在每一道菜的篇幅中都尽可能详细地说明它的制作方法。

在这本书中包含了来自多个国家的不同的烹饪方法与技巧，当然，这只是一个比较宏观的看法而已。食物味道的好坏通常会因菜品制作的细节而改变，这也是为什么这本美食工具书值得大家一遍遍反复阅读。

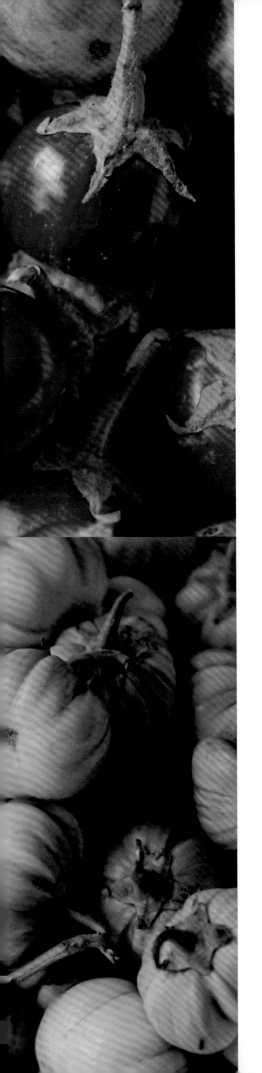

美食中存在的价值

　　享受精美餐食的大部分情况，是与特定的人群一起；而当只有一个人，可能无暇跟朋友聚集在一起品尝美食时，也可以通过很短的时间，通过一些简单的食材，在忙中偷闲让自己吃到一份满意的料理，则足以抚慰人心，并为接下去的忙碌充满能量。

　　所以，这本书的料理并非一定要关乎很多人的聚餐快乐，而只关乎是否可以给你的客人，给你的朋友，或者你自己带去快乐。

享受料理的过程中让人快乐的精神源泉

　　享受料理过程中的每一种快乐都来自于一个神秘的源泉，例如饱腹感带来的快乐，肉类食材带来的满足感，碳水物质带来的满足感，蔬果食材带来的清新感……这任何一种快乐，无非都来自最重要的源泉——厨房！希望这本书中的内容可以让每一位读者朋友找到自己的料理过程，获得可以让很多人感觉到快乐的精神源泉。

什么样的料理书可以成为
人手一本的读物？

在我23年的职业生涯中，接触过多种多样的菜系，对于我来说，一本应用场景广泛且实用的烹饪书，需要包含以下几点：

菜品具有非常强的可操作性

任何菜品的可操作性意味着你是否可以在餐厅或者家里无误地制作出你需要的成品，这其中涉及食材切割、烹饪过程，还有多年累积的经验。而这本书尽可能地给出快捷的制作方法、准确的配方比重，使其中的菜品具有很强的可落地性。

食材购买方便

对于这本书的众多读者，Peter可以猜出很多是专业的厨师，而也有很多是美食爱好者，这就需要关心书中的食材是否可以很方便地购买到。所以我在书中对食材的一个目标是：它们在菜市场、超市都可以购买齐全。而如果你是专业餐厅，你的供应商可以在收到订单后及时无误地给你配送所有的食材。

不需要复杂的设备、工具

相信很多人的家中已经配备了一些专业厨房中使用的设备和工具，这是一个很好的开始，但是我希望在这本书中，菜品制作过程中最重要的工具只是一口锅，或一个烤箱、一把刀、一块砧板……在厨房中进行简单菜品制作的过程，不是让人向一些高科技设备妥协，也不是折服于传统烹饪技术，而是人与所有器具之间的互相合作。

所以，对于家庭料理来说，应用简单的操作和把控的技巧，可以成就一顿美味的午餐。专业的厨师将自己的所有经验用通俗简单的方法陈述出来，可以帮助你完成整个料理过程，或与家人朋友共同合作来完成一整桌美味的佳肴。

对于专业的餐饮从业人员来说，无论你是新人，还是工作多年的主厨，又或是餐厅的创办人，我们必须抛开地域的局限性，无论在国内的一线城市、二三线城市，又或者说，抛开"人均消费"这个眼前的壁垒。所以，一本值得反复翻阅借鉴的烹饪书，其中的菜品必须很接地气，适合各个阶层的消费群体或客人。

希望这一本书会成为你无论在什么地方、什么场景，想用食物体验幸福的感受时，第一刻想去翻阅的料理书。

图书在版编目（CIP）数据

心中第一的幸福：Bistro 小酒馆风美食 / 周波著 .
—福州：福建科学技术出版社，2022.9
ISBN 978-7-5335-6818-4

Ⅰ . ①心… Ⅱ . ①周… Ⅲ . ①食谱 Ⅳ . ① TS972.1

中国版本图书馆 CIP 数据核字（2022）第 148895 号

书　　名	心中第一的幸福——Bistro 小酒馆风美食
著　　者	周　波
出版发行	福建科学技术出版社
社　　址	福州市东水路 76 号（邮编 350001）
网　　址	www.fjstp.com
经　　销	福建新华发行（集团）有限责任公司
印　　刷	福建省地质印刷厂
开　　本	889 毫米 ×1194 毫米　1/16
印　　张	12.5
图　　文	200 码
插　　页	4
版　　次	2022 年 9 月第 1 版
印　　次	2022 年 9 月第 1 次印刷
书　　号	ISBN 978-7-5335-6818-4
定　　价	360.00 元

书中如有印装质量问题，可直接向本社调换